自衛隊 最強の部隊へ

―偵察・潜入・サバイバル編

RECONNAISSANCE INFILTRATION SURVIVAL

Futami Ryu
二見 龍

誠文堂新光社

はじめに

兵士が、握りこぶしを顔の高さに上げた。停止の合図である。後方の兵士たちは合図を確認すると、静かに停止し、ゆっくりした動作で低い姿勢になり、辺りを警戒する。停止の合図をしたネイティブアメリカンの兵士は前方を警戒しながら、部隊長へ
「この経路は何か危ない気配がする。違う経路を選んだ方がいい」と報告。

部隊長は首を縦に振り、

「経路を変更」と指示をして前進を開始する。

しばらくすると、「最初の経路には敵が存在する。注意しろ」との電文が届く――。

ネイティブアメリカンの「ずば抜けた感覚」に部隊が依存したようなシーンは、戦争映画でよく出てきます。映画の場面のようなことが本当にできるのか。このような兵士は存在するのか。そして、訓練によってネイティブアメリカンの兵士のような隊員を育成することはできるのか。人前で口に出すこともできず、答えを得られないまま時間だけが過ぎていきま

した。

防衛大学校を卒業して25年以上経過した2004年。私は、福岡県北九州市の小倉駐屯地に所在する第40普通科連隊の連隊長に着任して1年が過ぎていました。この間、実戦で真の強さを発揮できる戦闘技術や訓練要領を探し求めてきました。それは在米のガンハンドリング・インストラクターであるナガタ・イチロー氏らの全面的協力の下、ある程度、成果をあげていました（ナガタ・イチロー氏によるガンハンドリング等の訓練の詳細は2019年3月刊行予定の拙著『自衛隊最強の部隊へ—CQB・ガンハンドリング編』にて）。ただ、そのステージがひとつ上がって、次に進む方向を見いだせずにいました。そこに登場したのがS氏でした。

それは不思議な体験でした。当時、行事と訓練で予定がかなりタイトだったのに、予定していた訓練が何かの都合で突然延期となり、それでS氏の率いる戦場で生き残る戦闘技術を持つ日本人で構成された、スカウト・インストラクターチームの40連隊来隊が急きょ決定したのでした。

「スカウト（SCOUT）」という戦闘技術は聞きなれない言葉でした。しかし、そのチームは「必殺の格闘技術」「敵に見つからず生き残る戦闘技術」「実戦に通用する偵察・監視技術」などを有していました。そのスカウト・インストラクターチームのリーダーが、S氏です。

「格闘」から始まったスカウトの訓練は、見ていて危ないと感じる、いや、見ていて怖くなる必殺の技でした。独特のリズムと小さな動きで、相手に声を出させず、瞬間的に倒すスカウトの技は、「格闘」というよりも、実戦で生き残るための「サバイバル術」です。

そして、S氏は連隊長室でこう言い切りました。

「ネイティブアメリカンのような気配を感じ取れる兵士は、訓練によって作ることができます」

「カムフラージュ（偽装術）」「ストーキング（隠密行動）」「トラッキング（追跡行動）」「サバイバル（生存術）」など、あの戦争映画の場面で出てきたような、ネイティブアメリカンの兵士が保有する戦闘技術を教えることができると言うのです。

そしてS氏は、さらに言いました。

「私たちは、そのために40連隊へやってきたのです」

このS氏との偶然の出会いから、スカウトチームと40連隊の「実戦で最強の強さを発揮する部隊」を目指す訓練が始まりました。

本書は、実戦で強烈な威力を発揮する「スカウト」の戦闘技術に触れた瞬間、根底から意識が変わってしまった隊員たちが、戦場から生き残って帰還するために、寸暇を惜しんで戦闘技術の向上へのめり込んでいく姿を記録したものです。

そして願わくは、ミリタリー関係者だけでなく、日々、現実社会という厳しい戦いの場に生きるビジネスパーソンやこれから社会へ出て行く若い人たちにも読んで頂きたいと思っています。なぜなら、スカウトという生き残り術を身に付けることは、必ず日々の生活に役立つと私は信じているからです。

二見龍

目次

第6章　スカウトの技術で部隊の安全を確保する　163

第1章

スカウト・インストラクターとの出会い

順風満帆な40連隊の焦り

2004年当時、福岡県北九州市の小倉駐屯地に所在する第40普通科連隊では、今までにない新しい戦闘技術を取り入れた訓練を行っていました。市街地戦闘やCQB（近接戦闘）など、実戦的な訓練を民間の部外インストラクターによって行っていたのです。この噂は、あっという間に全国の陸自部隊へと広がっていきました。40連隊の行っている訓練の噂が広がるにつれ、熱い志と高い意識を持った隊員が全国から小倉駐屯地を目指し集まってきていました。

他部隊の隊員が入れ替わり立ち替わり小倉駐屯地を訪れ、多い時は100〜150名がグラウンドや市街地訓練施設のマウトで訓練を行っています。駐屯地内を歩いていて敬礼を受けても、どの隊員が自分の部隊の隊員かわからない状態です。これは、40連隊の今までの努力と成果が実を結び、順調に部隊の運営が行われている姿でもあります。

しかし私の心は、探し物が見つからず、落ち着かない日々が続いていました。それは、まだ次に進むべき40連隊の目標の設定ができていなかったからです。

当時私が考えていたのは「敵に見つからず確実に生き残る戦闘技術」と「敵の気配を察知

し、敵部隊・施設を発見する戦闘技術」の導入でした。しかし、目処はまったくたっていません。他の部隊や教育訓練機関を含め、その答えを探していたのですが、さっぱり網にかかってきませんでした。

目に現れる輝きを失わせてはならない

「入ります！」と副官が入ってきました。

彼は、火の玉小僧のような熱いハートを持っている男です。

「そろそろ訓練視察の時間です」と告げる声は気合十分です。

連隊長が自分の部隊のレベルや状況を確認する「訓練視察」は、訓練部隊との真剣勝負。自然と副官も気合が入ります。連隊長着任当初、訓練視察の時間と場所を事前に部隊へ示すと、部隊は構えて準備して、良いところを見せようとしていました。そこで、場所と時間を部隊には示さず抜き打ちで現場に出ることにしました。しかし1年もすると、その必要はなくなりました。現実の部隊の姿を見せるのが当たり前になったからです。

戦闘帽を被り外に出ると、目の前に駐屯地のグラウンドが広がります。グラウンドでは、200名ほどの隊員が至近距離における射撃動作と「リロード」と呼んでいる戦闘時の弾倉交換の訓練を行っています。隊員が真剣に訓練へ取り組んでいるかどうかは、「目」に出ます。私は訓練を視察する時、隊員の目の動きと輝き、そして吸収しようとする意思を表す真剣な眼差しを確認します。

グラウンドで訓練している隊員は、気持ちいいほど、どの隊員も強くなろうという意思のみなぎる「目」をしています。今行っている訓練が、近いうちに彼らの中に溶け込み、確実に成長していくのがわかります。

「今日は特に意識が高いね」と担当中隊長に言うと、

「今日は、自分の中隊の人数以上に他中隊の隊員が参加しているので、技の出来を競っている感じです」と柔らかな口調で報告してくれました。

「どこの中隊との混成」と聞くと、

「2中隊、3中隊、4中隊、重迫（重迫撃砲中隊）の隊員が参加しています」と力みのない声で返ってきます。

力みや緊張がなく、安定した心を維持しながら対応する中隊長を見て、着任当時ガチガチで視野が狭く動作が固かった中隊長自身も、日々力を付けてきたなと嬉しくなります。

グラウンドの訓練を見ながら体育館の方へ進むと、弾薬箱を使用して模擬の建物を作った

マウト（市街地訓練施設）を使用したCQB（近接戦闘）の訓練。

市街地訓練場のマウトがあります。ＢＢ弾というプラスチックの弾が高い精度で発射できる89式小銃の電動モデルガンを使用し、各隊員が細かいステップを確認しながら、何度も部屋へ突入する「エントリー」訓練を納得するまで行っています。戦闘間、銃口を味方に向けない銃の取扱いや至近距離・建物内の戦闘については、ほぼ全隊員へ浸透しています。

連隊では、隊員の戦闘技術を各人ごとに判定し、Ｓ（スペシャル）、Ａ（上級）、Ｂ（通常）、Ｃ（初級）の４つのレベルに区分しています。現在、ＣＱＢの戦闘技術については、多くの隊員が世界標準のレベルに達したＡ以上の状態になっています。

部隊・隊員が成長すると目標設定が難しくなる

実戦的な戦闘技術を急いで探し続けている理由は、隊員の戦闘能力が向上し、成長している時こそ、さらに大きく跳躍するための新たなチャレンジが必要だからです。今まさに、40連隊へ次の目標を示す時期なのです。

一定レベル以上の部隊になると、次の努力すべき目標を早め早めに設定する必要があります。放置すると、できることが多くなり、同じことの繰り返しが続き、飽きてきます。さらに、モチベーションが低下し、たがが緩み始めます。高いレベルになればなるほど、指揮官は、常に部隊のレベルに合った訓練目標を設定する必要があるのです。

また、ここで市街地戦闘訓練やCQBの限られた戦闘分野内で満足し、おごりが出て、成長を止めてしまえば、40連隊の背中を追いかけている部隊にすぐに差を縮められ、抜かれてしまいます。新たな目標を設定し、次のステップに進む絶好の時期なのですが、取り入れていく鍵となる戦闘技術が見つけられないまま、1日1日、時間が過ぎていく状態でした。

強い部隊作りのポイントは、常に前進させること

中隊長や隊員の中には、戦闘技術が完全に身につくまで、あと少しの間、先に進まず、戦闘技術を定着させる時間が欲しいと要望する者がいます。しかし、目指す目標へ40連隊を進ませるためには、前に進む推進力を低下させることはできません。このまま、次の目標を示すことなく、現在の訓練内容を満足するレベルまで練成した場合、現在の目標を達成した段階で一段落し、動きが停止してしまいます。

部隊は、一旦停止すると、次の動き出しまで時間がかかります。一旦停止した部隊は、止まっている車と同じ状態です。停車している車をロープで引っ張り動かそうとする時、タイヤと地面の間の摩擦抵抗により、タイヤが動き出すまでかなりの力で引っ張らないと車は動

き出しません。

しかし、タイヤが回り始め車が動き出すと、ほとんど力を入れなくても車を引っ張ることができるようになります。さらには、引っ張らなくても動く状態になります。動いている車を減速させ停止してしまった場合、再び動き出すためには大きな力が必要となるのです。部隊が減速する前に、次の目標を具現化する戦闘技術を速やかに導入し、部隊一丸となって進めなければならない時期がきていました。

そんな時、急きょ決定したS氏来隊が、40連隊にとって運命の出会いになりました。当初、「得体の知れないチームが小倉にやってきたな」程度しか思いませんでしたが、この出会いは、「運命の女神」が40連隊を導くカードを切った瞬間だったのです。なぜならS氏のチームは、私の探し求めていた超実戦モードの「スカウト」という戦闘技術を保有していたからです。

運命の女神から送られてきたカード

40連隊を牽引する新たな目標となる戦闘技術が見つからなければ、やむを得ない場合、雑誌や書籍などから資料を掻き集め、教範事項を参考にして、自分たちでイメージを膨らませながら、プロトタイプでもいいから作り上げていくしかありません。ある時そう考えていると、ドアがノックされ、連隊の訓練・作戦を担任する3科長が入ってきました。

「うちの駐屯地でCQB訓練を行ったよそのメンバーから、偵察と格闘の部外インストラクターを紹介されて、来週の訓練予定に入れました。視察されますか？」

「時間の許す限り訓練を見られるようにしてほしい」とだけ伝え、どんな経歴の持ち主なのか尋ねてみましたが、日本人であること以外は、はっきりしたことがわかりません。訓練予定が立て込んでいて、そちらに気を取られてしまい、その新しいインストラクターのことはあまり気に留めることもなく、その週は過ぎていきました。

翌週の午後、3科長が
「部外インストラクターが到着し、駐屯地内の訓練場で格闘訓練を開始しました。出発します」と報告にきました。一緒に階段を下りながら、

「どんな感じの格闘訓練をやっているか」と聞くと、

「自衛隊で訓練している格闘ではありません。今までの格闘とはまったく違います。危ない感じもします。これがいいのか、どうか」と何か要領を得ない返事です。さらに、

「素手だけ、突きと蹴り主体か」と問うと、

「素手の他、ナイフやいろいろ使うみたいです。突き蹴りではない感じです」と答えます。

いつもハッキリ言い切るタイプの3科長ですが、歯切れがよくありません。訓練場に着くと、「格闘訓練を見ている、あの背の高いがっしりした男がチームのリーダーです」と説明がありました。

この背の高いがっしりした人物がS氏でした。S氏は、じろっと私を見ただけで、別に興味を示すこともなく隊員の訓練の方へ視線を戻しました。愛想のなさが露骨にわかります。何となくS氏のチームは、「小倉へ行くように言われたので、付き合いで来ただけ」という印象です。

ただ、引っかかるものがありました。それは、このチームからは何か「恐怖と不気味さ」が感じられるのに、なぜかS氏からはオーラというか、存在している気配を感じ取ることができないのです。まだ、どんなチームかまったくわからない状態なので、しばらく彼らの訓練を見ることにしました。

10分程度彼らの動きを見て、S氏を除いたチーム員は、さほど格闘やガンハンドリングのレベルは高くはないことがわかりました。しかしS氏だけは、直接隊員を教えたり技を見せたりしていないので、未知数の状態です。インストラクターとしてのレベルやどのような人物かもつかめない以上に、気配を感じ取ることができません。何となく初めて訪れた小倉駐屯地の風景に溶け込み、馴染んでいるようにも見えます。後で気がついたのですが、もう一人、風景に溶け込んでいるネイティブアメリカン風の男もいました。

休憩時間になり、S氏とネイティブアメリカン風の男以外のメンバーと話すと、人懐っこい好青年たちでした。これで、このチームから受ける恐怖と不気味さは、S氏か、ネイティブアメリカン風の男から発せられていることがわかりました。

S氏と少し話してみようかと思い、座っているS氏に近づくと、面倒臭そうに上を見上げ、「休憩が終わったら、私とデモンストレーションしますから、丈夫で一番強い人を出してください」とボソッと言います。

そこで、師団の格闘大会で負けなし、世界フルコンタクト空手ミドル級チャンピオンの陸曹を出すことにしました。彼は、強いだけではなく、将来幹部候補生になる優秀な隊員でもあります。

ライオンに狩られた獲物

休憩が終わり、隊員たちがS氏と陸曹を囲む隊形をとると、2人のデモンストレーションが始まりました。しかし、2人はまったく動きません。動く気配さえありません。

「ンン⁉」

どういうことなんだ⁉　隊員にも驚きの波紋が広がり、何が起こっているのかを確認するため、皆がグッと身を乗り出す格好になっています。少し動いては元の構える形に戻り、再度始めるとまた同じ状態になります。それはまるで、ライオンが小型の草食動物インパラの首に牙を食い込ませ、インパラが力なく「だらん」として咥えられているような状態です。

180センチメートルをゆうに超える陸曹が、何か見えない力で自ら崩れてしまい、簡単に致命傷を負う体勢になっています。

「そこまで力の差があるのか」思わず、口に出してしまいました。

「8割程度の力か、全力できてみてください」

S氏がそう言った時、陸曹の目は変わっていました。完全に怯えた目、狩られてしまう獲物の目に。

陸曹は肩に力が入ってしまい、いつもの彼独特の柔らかな動きは消えています。ふだんは、相手を間合いに入る前からコントロールしているのに、この時はS氏にコントロールされているというより、恐怖で怯えながら何もできず、仕留められている状態なのです。

さらに全力で攻撃した陸曹は、S氏の小さな動きと身体を接触しながらかける技によって、

ナイフを使用したマーシャルアーツのデモンストレーション。

先ほどよりも早く咥えられたインパラの状態になっています。こんな彼を見たことがありません。

S氏の動きを見ているうちに、小さく速い動きの中で、人間の可動域の限界で技をかけているため、踏ん張れば骨が折れるか筋が切れることがわかってきました。さらに、動きの流れの中に連れて行かれ、操られるようにコントロールされています。暗闇から黒い影が現れ、巻き付かれた相手は一瞬で倒され、黒い影は闇に消えていくような感じです。音がないのです。

次の技に移ると、動きの中で相手を倒す技から、「タン」という一挙動か、「タタン」の2挙動で相手に致命傷を与える技に変わりました。スポーツや武道とは根本的に違い、素早く、小さい動きで致命傷を与える技です。目立たないが小さな動きの一瞬で決まる、恐ろしい技です。

不思議なことに、格闘の素質のある隊員たちが、S氏の説明を受け、実際にやってみても技が上手くかかりません。S氏の技を使うには、戦闘用格闘技に必要な知識と基礎的な動き、細かい身体の使い方を理解しなければならないことがわかりました。

そして、独特のステップ（歩法）が底辺にあり、受けの動作がそのまま攻撃に直結する特徴があります。戦闘用格闘技の破壊力は、凄まじいものがありますが、S氏がやったように、相手を操るように倒す形は簡単にはできません。見た目よりも奥が深く、難しい技を見ようみまねで行っているうちに、あっという間にまた休憩時間がきました。

S氏の訓練パートナーをしていた世界フルコンタクト空手ミドル級チャンピオンの陸曹が、私のところに近づいてきて、

「連隊長、あの人怖いです。一瞬で殺されます」と言って離れていきました。彼がそんなことを言うのは初めてです。

休憩時間、S氏とはどのような人物か知りたくて、話したいのですが、S氏は人見知りが激しく、視線を斜め下に落としていて、話すきっかけがつかめません。そうこうしていると、S氏はボソッと、

「次はナイフをやります」と言い、ナイフを取り出しました。

受けと攻撃が一体となり、相手を瞬時に倒すマーシャルアーツ。

音と声を出させず一瞬で敵を倒し、自己の存在と行動を秘匿。

殺されるな、と感じる殺気

S氏が肘まであるグローブに手を通し、固定するバンドを締めナイフを握った瞬間、圧力は黒い渦のような殺気となり一気に噴出しました。その殺気は、完全に殺されるな、と感じるほど凄みのあるものです。そして次第に凄みを通り越し、恐怖を感じる強さになりました。

彼は、ナイフを鞘から抜き、握り具合を確認すると鞘に戻すという動作を数回繰り返しています。その動作を2メートル程度離れて座って見ていると、大きな網に捕らえられ狩られるような感じの強い圧力がかかってきました。

S氏は、相変わらず私と目を合わせませんが、自分の噴出する殺気を私が感じ取っているかどうか、確認しているようです。そうしてしばらくして確認できたのか、スッと殺気が消え、周りにきれいな空気が戻りました。気配を薄くしたり、殺気をコントロールしたりするS氏の技は、気を抜くと大きな怪我につながる必殺の技です。

40連隊の隊員が訓練を行っていく上で、安全を確保できるかできないかギリギリのレベルのものと、身体で感じ取れました。素手であのレベルだとすると、ナイフ格闘になった場合、格段に危険度が増すのは間違いありません。

周りの景色に馴染み、気配の薄くなったS氏から、

「何かご要望はありますか」と聞かれ、ふだん絶対言わない言葉を思わず口にしていました。

「何をしても構いませんが、隊員が怪我をしないように教えてください」

それを聞いたS氏は、「わかりました」と何だか人懐っこい柔らかな表情で答えました。

ナイフ訓練のパートナーは、40連隊の陸曹から、彼のチームメンバーに代わりました。通常、陸上自衛隊ではナイフ訓練は行いません。40連隊でも、ガンハンドリング・インストラクターのナガタ・イチロー氏から限られた時間の中で、基礎的な内容に絞って教えてもらった程度です。突いてくるナイフと逆手に持ち上から振り下ろすナイフの対応について、多少訓練した初歩のレベルしかありませんでした。

ナイフは3本身に付ける

ナイフによって刺されると致命傷を負うことは、映画やテレビからでも想像ができます。では、そのナイフを自由自在に操ることのできる人の技を見たことがあるか？　ほとんどの自衛官は出会ったことすらないと思います。私も今まで、ナイフの使い手を見たことがありませんでした。

「次からはギリギリのところまで技をかけるので、受け手は、技を受け慣れているうちのメンバーに変わります」とS氏が言い、続けて

「ナイフは、3本身に付けてください。胸の前、右腰、腰のベルト添いに1本ずつです。バックアップは、リュックに1～2本入れてください」と説明します。

ナイフを3本持つ？ どうしてだろうと思っていると、

「胸の前にあるナイフは、左右両方どちらからでも抜け、前に進みながら敵を切ることができます。右腰に下げたナイフは、すぐ抜ける位置なので、そのまま刺すことができます」と刃の黒いナイフを使って説明します。

「当たり前のことですが、刃が黒いと夜間ナイフを持っていても光らないので、相手にはナイフの存在がわかりません」

そして、間合いも取りにくくなることなど、私たちが知らないことを淡々と話します。

「腰のベルトに添って装着したナイフは、羽交い絞めにあった時などに使用します」

ナイフをスッと抜き、相手に致命傷を与える部分を切ります。S氏の振りは、滑らかで刃が走っているのがわかります。

S氏の説明を受け、ナイフの使い方を知らなければ、戦闘の状況によっては多くの場面で

損害を受けていたことでしょう。興奮している自分の気持ちを元に戻し、隊員を見回すと、隊員の黒目が大きくなり、目の前の事象をすべて吸収しようとして集中しています。

次に、ナイフの持ち方のレクチャーがありました。独特のリズムの素振りを見せ、「ナイフには、ナイフ独特のリズムがあります。知らないと簡単にやられます」と説明の後、S氏のデモンストレーションが始まりました。

ナイフは、動きが早く独特なリズムと刃の走らせ方があり、接触している状態から離れている間合いまで、有効に敵を倒せます。突きをしてくる腕や蹴ってきた足を受け、同時にナイフで切る、受けと攻撃が一体化した動きができます。さらに、突きや蹴りをナイフで引っ掛け、切りながら相手の身体を崩したり、誘導したりする使い方もあります。

ナイフを自在に使えるようになると、近距離において凄まじい威力を発揮し、拳銃よりも恐ろしい武器になります。ナイフのデモンストレーションで、ナイフの使い手の凄さと恐ろしさを知り、今までのナイフ戦闘のイメージが一新されました。本物に触れた隊員は真剣そのものですが、いかんせん初めてのことなのでナイフの素振りも満足にできません。S氏は、見よう見まねで素振りを行っている隊員の間を回りながら、優しく丁寧に指導しています。

ナイフ入門訓練の次は、素手や紐を使用し絞め落とす技に移りました。一瞬で絞め落とす

技は難しく、隊員はS氏に技をかけてもらいながら、

「これでは効かないですが、ここをこうすると終わります。わかりますか」と説明を受け、体感していきます。

「これ以上持っていくと逝ってしまうのがわかりますね」とポイントを指導しています。

できる人に教えてもらいながら技をかけてもらわないと、コツやポイントがよくわかりません。かなりの練習が必要であることがわかります。安全管理上、首周りの格闘は陸曹以上で訓練することを、この時点で判断しました。休憩前、

「体感したい人がいれば私の前に来てください」とS氏が言うと、いっせいに40〜50名の隊員がS氏の前に背中を向けて座り列を作りました。

S氏は、「ほー」と一瞬少し驚いた顔をしましたが、何だか嬉しそうに背を向けて座っている隊員に次々に技をかけながら説明をしています。後にS氏は、

「技をかけてほしい人と言ったら、凄い列ができてしまい、この部隊はとんでもない部隊だなと感じました。そして、ここは真剣そのもの、本気だということがわかりました」と振り返りながら、

「あの時、40連隊の凄まじさを感じました」と語ってくれました。

戦闘用、サバイバル用など、用途によって使用するナイフを選定。

素早くナイフ・ファイティングに入るため、ナイフは腰と肩、胸の前に3本装着する。

ナイフの握り方を見れば得意技、レベルが判別できる。

格闘よりも得意とする戦闘技術「スカウト」

訓練終了後、今日の感想やこれからの訓練の方向性について確認するため、S氏のチームを連隊長室へ招き懇談をすることにしました。予定の時刻になると副官に案内されて、S氏とチームのメンバーが部屋に入ってきました。しかし、案内をしている副官の表情が今ひとつすぐれないのが気になります。

彼らがソファーに座った瞬間、副官の冴えない表情の意味がわかりました。服や靴が、乾いた泥まみれで、はたくと土ぼこりが辺りに舞うような状態だったからです。わざと汚い格好をしてきて、私の反応を見ようとしているとしか考えられないほど、汚れた状態で来客用ソファーに腰を下ろしています。

表情を変えないように心がけながら、

「部隊・隊員は真剣にやっていましたか」と聞いてみました。

チームのメンバーは、

「有名な40連隊で教えることができ、よかったです」と好青年的に反応しました。

チームのメンバーとの懇談をしていても、S氏はまったく話そうとしません。このような

挨拶みたいな話には、まったく興味がないといった感じです。汚れた服装はS氏からの何かのメッセージだと思ったので、

「この服装は、輪郭がぼやけていますね」と話を変えると、S氏の顔に表情が生まれ、口を開きました。

「本日、マーシャルアーツという格闘を行いましたが、明日以降行う偵察、カムフラージュなど、自然を味方にする『スカウト』が私たちのもっとも得意とするものです」、と今までのS氏とは別人のように話し始めました。

「マーシャルアーツは、偵察行動をしている時、敵を排除するか、身の安全を確保するため、緊急避難的に行うものです」と、マーシャルアーツの位置付けを説明してくれました。

マーシャルアーツは凄まじい技だと言うと、

「自分の命を最終的に守るものですから、その通りです。ポイントは、小さな動きで素早く排除し、見つからないようにすることです」

「小さな動きとは」と尋ねると、

「見つからなければやられません。発見イコール死を意味します」と話が続きます。

「動きが大きいと必ず見つかります。そして、敵の排除に時間がかかり、音が出てしまうと

気づかれます。その後待っているのは死です」

話の内容は凄まじいものですが、なぜだか、S氏と話していると心地のよい空間にいるように感じます。不思議です。

「敵がいないように見せるため、相手の身体に重なるようにします。そのためには、相手に接触しつつ、早く小さな動きで対処する必要があります。これがマーシャルアーツです」

だんだんマーシャルアーツの特徴がわかってきます。

「戦闘員は、排除している時だけではなく、いついかなる時も、敵に見つからないように行動する必要があります」

実戦モードのマーシャルアーツの他に、本業のスカウトとは一体どのようなものか、何が出てくるのか期待が大きく膨らみます。

第2章

実戦に限りなく特化した戦闘員

つや消し迷彩で動物の毛を貼り付けているブーツ

それにしても泥だらけだなと思い、足元を見ると、戦闘用の靴に毛のようなものが付けてあります。初めて見る動物の足のような異様さを感じます。

「この靴は凄いですね」と言うと、

「靴は、とても目立ちます。特に、連隊長の履いているような磨き上げた靴は、自然界には存在しない光沢なので、すぐに見つかります。隠れていても、靴を隠すのはなかなか難しいものです」

靴は、今まで意識したことがありませんでしたが、意識してみると隠しにくいものであることが想像できます。「頭隠して尻隠さず」と言いますが、「身体隠して靴隠せず」の状態になるのです。気がつかないポイントでした。

「私たちは、まずブーツのつやを消します。ラッカーを使い暗い迷彩模様にします。そして、動物の毛をボンドで貼り付けます」とブーツを見せながら、チーム員が説明します。

「靴の裏も滑り止めの溝があると足跡を追われるので、平らな靴底にして足跡を残さないようにします」

（上）自然に溶け込むスカウトのカムフラージュ。（下）靴底をフラットにして戦場に痕跡を残さない。

足跡を追う自分をイメージしていると、隠れる側から見つける側の視点の話に進んでいきました。

「靴を意識するようになると敵に見つかりにくくなり、今まで見ても気がつかなかったものが見えてきて、敵を発見できるようになります。これは、野外で理解してもらいます」

そんな話をしているうちに、予定された懇談の時間はあっという間に終了してしまいました。土で汚れたソファーを見ていると、副官が入ってきて、

「やっぱり汚れましたね。どうでしたか連隊長、彼らは」と聞く副官は、準備よくすでに掃除用具を持っています。

「もしかしたら、いや、彼らは……」と言いかけると、副官が

「40連隊を導く使者ですね。連隊長の顔を見た瞬間にわかりました」と言い、先手を打たれてしまいました。

そして、「3科長ですか」と聞きます。副官が機転を利かせ、3科長はドアのところにすでに立って待っていました。そして、

「明日からの訓練は、中隊長・運用訓練幹部全員参加ですね」と言います。

「小隊長も全員参加にしよう。さらに各中隊には訓練内容を普及できるメンバーを参加させ

るように連絡してくれ」と答えた時、ピンときました。

この手際のよさから、次の目標に必要な戦闘技術を探していたのは、自分一人ではなかったことに気づいたのです。おそらく、副官が私とふだん話す会話から私の求めるものを知り、40連隊の主要なメンバーに伝え、皆で探し回り、準備してくれていたのです。いつもながら、部下に助けられます。心の中でお礼を言いながら、一気にギアを上げました。

「やるとなったら、徹底的にやってみよう」身体中に力が充填され、身体の中の発電所が急速に発電を始めました。

自然に溶け込む服

「スカウト」訓練は、40連隊の幹部全員が参加して始まりました。S氏の第一声は、

「皆さんの着ている戦闘服は、色彩が明る過ぎます。また、輪郭がハッキリ出過ぎているので見つかりやすいです」という指摘から始まりました。

現在の戦闘服はまあまあの出来であると思っていたので、意外な一言でした。

「これから『スカウト』の服装を紹介します」と言うと、スカウトの戦闘員が目の前の茂みからぬーっと出てきたのです。

一般的なカムフラージュで使
用されているギリースーツ。

隊員たちは、突然目の前の茂みから起き上がったスカウトの戦闘員に2度驚きました。まず、突然近くに現れた驚きがひとつ。もうひとつは、ギリースーツを使用せず、深緑のつや消しの戦闘服のみで、気づかれずに隠れていたことです。ギリースーツは、全身に偽装材料の付いたジャケットです。チームのメンバーが、

「ギリースーツは、重くて動きにくく、雨が降ると雨を吸収しかなりの重量になりますが、このスカウトスーツは、これだけで周辺と同化できます」と説明しました。

目の前でスカウトスーツの効果を確認した隊員は、その凄さと魅力に引き込まれ、すぐに自分のものにしたくなったようでした。

「敵からどのように見えるか常に意識していると、どうすれば見えにくくなるかもわかるようになります。そうすると見えなくする工夫の仕方もわかってきます。この意識を持っていない人は、やられます。よろしいですか」

話の最後は、いつも「生き残れるかどうか」の話になります。

S氏は、スカウトと陸上自衛隊の迷彩服を着た隊員に、背景の明るい草むらと影になっている暗い草むらを歩かせました。迷彩服は、明るい背景では何とか周りに溶け込みますが、暗い背景では明る過ぎるのがわかります。そして、戦闘服の輪郭が目立ってしてしまい、背

景の中に人間の形がハッキリ浮かび上がって見えました。

逆にスカウトスーツは、明るい風景では目立つと思っていましたが、濃い色が風景に溶け込み、見つけにくい状態になります。輪郭がぼやけているので、背景に馴染んで溶け込んでしまうからです。なるほど、というよりも、考えてみれば当たり前のことを、どうして気がつかなかったのだろうか…。本当に我々は戦闘のプロなのか、心が揺らぎました。

危険となるものを排除していくスカウトスーツ

次は、「スカウトスーツ」の作成です。

「胸のポケットとズボンのポケットをすべて取り外してください」と言われました。

なぜだろうと思っていると、

「自然界には、直線と直角というものは存在しないため、そこにないものを身に付けているだけで目立ってしまい、発見される可能性が高くなるからです」と説明を受け、またなるほどです。

次に、スカウトスーツのベースとなる色の液体作りです。現地の土と生えている草、オリーブオイルを混ぜ合わせて、スカウトスーツに塗り込むための粘性の高い液体を作成しま

背景に溶け込み自然に
同化する工夫を施した
スカウトスーツ。

す。その粘性の高い液体をスカウトスーツ全体にまんべんなく塗り込み、さらに土と付近の草をすり込みます。連隊長室のソファーが汚れ、副官の顔が冴えなくなるはずです。

泥と草を塗り込んだスカウトスーツの輪郭をあやふやにするため、身体の外側の線に細かく砕いた炭を塗り込み、グラデーションを作ります。作成したては、心配になるほどオリーブオイルの香りが強い状態ですが、何度も土と草をすり込んでいくうちに馴染んできます。炭は、消臭効果があり、体臭を消すので一石二鳥となります。その後、日陰でスカウトスーツを乾燥させると完成です。

スカウトスーツの展示・説明が終わると、

「明日までに皆さん一人一人がスカウトスーツを作り、明日の訓練は各人が作成したスカウトスーツを着て参加してください」とS氏から指示があり、早めに訓練は終了しました。

残りの時間は、チームのメンバーからアドバイスを受けながら、スカウトスーツの作成です。スカウトスーツは、戦闘服をそのまま使用すると、ポケットを切断して原型を変え、めちゃくちゃになってしまうため、廃棄予定の旧作業服を訓練参加者に配布し、作成することにしました。旧作業服を手にした隊員は、「これで思いきって汚せます」と大喜びです。

ブーツは、希望者が私物のブーツを使用し、黒・緑・黄土色のペイントをスプレーして、乾燥後、動物の固めの毛をボンドで固定しました。顔のカムフラージュは、次の日スカウトスーツを着て、野外で行う予定です。チームのメンバーの顔のカムフラージュは、ペイントだけではなく、でこぼこさせるため何か粒のようなものが付いていたのが印象に残っています。顔のカムフラージュも独特のやり方があるのがわかります。

顔にでこぼこをつけるカムフラージュ

翌日、駐屯地の近くに所在し、イノシシが生息する豊かな自然の広がる山田訓練場へ場所を移して、本格的なスカウト訓練が始まりました。S氏は、訓練参加者を集めると、「付近の草むらで何人確認できますか、線から前に出ないで見つけてください」と言い、確認のために5分間の時間をとりました。

陸上自衛隊では、付近の草や枝を頭や身体に付け、カムフラージュすることを「偽装」と呼びます。偽装した隊員は、通常、木の後ろに立つか、草の根元に伏せ射撃ができる姿勢をとります。長年偽装し隠れる訓練をしているので、自然に隊員の隠れていそうなところに目が行きます。草と草の間の空間や樹木の後ろ、木や草の根元をスキャンします…。しかし、見つかりません。

今見ている場所から移動し、視点を変えて確認するように言われて探しますが、いそうなところにスカウトはいません。4人隠れていると言われても、どうしても見つけることができません。

「合図しながら、ゆっくり立ち上がれ」とS氏が言うと、腰の辺りの高さで手を横に振っているスカウトが突然視界に入りました。一人一人、手を振りながら、木の根本や、影になっているくぼみから次々現れました。

腰の辺りで手を振っていたスカウトは、ネイティブアメリカン風の男でした。彼は川口拓といい、アメリカのトラッカースクールで直接指導を受けたスカウトのスペシャリストの一人です。川口氏は、「サバイバル」と「自然に溶け込むカムフラージュ」を得意としています。川口氏は、木の後ろに隠れるのではなく、木に寄りかかる形で背中を木に付け、両足を30度に開きこちらを向いているだけでした。木の後ろではなく、前にいるとは思わなかったのと、開いた足が木の根のように見えていたから不思議です。

「彼は、見る位置を変えたらすぐ見つかると思いましたが、皆さんはどうも先入観があるようですね」とS氏から言われ、ハッとしました。

思い込みや固くなった思考が邪魔してしまい、たとえ見ていても、頭の中では人間と認識

40連隊のスカウト訓練（カムフラージュ、ストーキング、トラッキング、サバイバル）。

せず、見えていない状態に陥ったのです。

先入観の排除は常に意識していたはずなのですが、気をつけるレベルが低かった反省と、「敵に見つからず、生き残る戦闘技術」の凄さを感じた瞬間でした。

さらに、彼らを見つけられなかったのは、輪郭がぼやけているため、人の輪郭として認識できないこと、靴が靴として認識できないことと、顔が人間の顔として認識できないため、目で見てはいても、人がいると頭の中で処理されないからです。

陸上自衛隊の顔のペイントは、緑、黒、黄色を迷彩模様にして塗り、顔のペイント模様を統一して敵味方の判断をしたりします。スカウトの顔のペイントは一色のみでした。

「顔に塗る暗緑色のペイントをベースとして、まぶた、耳の後ろ、耳の穴すべてに確実に塗り込んでください」とS氏は言い、ひとつも塗り残しがないように点検します。

「その上に草と泥とオリーブオイルを混ぜた液体を塗り、粒の残っている土を顔に付け、顔に泥をまぶして完成です」

スカウトの顔のカムフラージュを見てわかったことがあります。人間の脳は、つるっとした肌に目・鼻・口や耳があると、顔と認識します。肌が月のクレーターのようにでこぼこしていると、人間とは認識せず、物や風景として顔を認識してしまいます。スカウトのカムフラージュは、特別で特殊な方法を行っているわけではなく、敵からどのように見えるかを徹底的に研究し、それを丁寧に行っているのが特徴です。実戦で生き抜くには、地味なことを確実に、効くまで徹底して行うことが必要なことがわかります。

文章にすると、当たり前で、簡単に感じますが、実戦の場面でいついかなる時でも完全にやり切るには、強い意志と細心の注意力が必要となります。

スカウトの訓練を続けていくうちに、40連隊の隊員は、スカウトの戦闘技術とともに、「地味なことを確実に、効くまで徹底して行う」という意思が格段に向上していきました。実戦で生き残るため、疲れ切っていても、慌てていても、どのような状態においても、スカウトの戦闘技術を確実に実行できるように努力したからです。

スカウト訓練によって、今までやってきた訓練の詰めの甘さや適当さと曖昧さが、痛いほどわかるようになりました。隊員は、意味を感じられない、必要性を感じられないような訓練内容については、拒否感を示します。そして、辛いことや苦しいことを要求され、強要されることを好みません。

しかし、スカウトの訓練では、まったく違う姿勢を示してくれました。実戦で通用する本物を追求するこの訓練では、隊員は労を問わず、できるまで頑張る行動を取ったのです。

目の縁から耳の穴
まで徹底的に塗り
込む顔のペイント。

ペイント後、砂や土でテクスチャーを作る。

川口 拓氏との後日対談

40連隊のスカウト訓練

二見　当時、D（本編192ページに登場）を中心として、1ヵ月間山にこもるなど、スカウトのトレーニングを行いましたが、川口さんから見て、40連隊にはスカウトとして使える隊員は、何人かいましたか？

川口　名前までは覚えてないのですが、もちろんいました。一番強烈な印象が残っているのは、九州の方でスナイパー課程の人たちが集まる集合訓練があり、そこに呼んでいただいた時のことです。40連隊だけ根本的に違ったんですね。我々が技術を提供したからという意味ではなくて、根本的に何かが違いました。〝スカウト的な訓練をしていると、こういう違いが出るのか〟と思ったのです。

他のスナイパーのチームが固まって移動する時は、相手から見えていなければ自分たちは気配を出していないと思っているのか、木を踏んだ際のパキパキという音などが凄く聞

※この後日対談の各コラムは『二見龍レポートーネイティブ・アメリカンの狩りの技術を伝える川口 拓氏との対談』の内容を抜粋・再編集したものです

こえるんですよ。多分、相手には聞こえてないと認識していたと思うんですが、誰が聞いてもだんだんだんだん近寄ってきているな、というのがわかる。それが、40連隊の人たちだけは、本当にどこにいるのかわからなかったんですよね。ただし、移動の間は審査の対象になっていなかったので、採点には関係なかったのですが。

そして、もうひとつ大きな違いがありました。訓練でその任務が終了となった時、40連隊以外の方々はそこでストーキング行為をやめて、普通に立って話しながら、音を立てて日常的な動きに戻っていったのです。

二見 状況終了ということで、これで訓練完了だから普通に戻ってもよい、と気を抜くんですよね。

川口 ただ、状況終了という言葉はかかっていないんです。「OKです」という言葉だったのですが。しかし、40連隊の人たちだけは、離脱までずっと気配を消した状態が続くんですね。40連隊の人たちには、例えば頭を動かさないとか、頭を上げ過ぎないとか、ちょっとずつ這うように3センチずつ動いていく、というのを僕も言葉というか知識では重要だとお伝えしてきたのですが、それが本当に形になるとこういう風になるのか、というのを垣間見られて、鳥肌が立ったのを覚えています。

二見 他の部隊も途中までは頑張るんですよね。10分ぐらいは我慢できるんです。しかし、1回誰かがパキッと音を立てると、もういいんじゃないか、という雰囲気になって、それが伝染していく。ただ、そういうメンバーは実際の戦闘では誰も帰ってこないですよね。40連隊の訓練では対抗方式の訓練（対戦形式）をするんですが、音が聞こえると、そちらの方を確認しに行って、やっつけに行くわけです。それを徹底的にやるんですね。しかも、能力の高い人間をいつも敵にするようにしていたので、我慢できない隊員はみんなやられる、というのが身にしみている状態でした。

川口　その時の訓練では、実際に40連隊の隊員は誰一人として見つからない状態でした。満点だった記憶があります。

二見　北九州の男（40連隊は北九州の小倉に駐屯）は荒くれで、すぐ怒って喧嘩はするし、お酒を飲んで暴れるんですね。それが我慢強くなって、大きく隊員の質が変わってしまいました。お酒を飲んでも事故を起こさなくなりましたし、喧嘩もしなくなったので、九州でも話題になったほどです。あの荒くれの奴らが、どうしたらあんな風になるんですか、と言われるぐらい変わりましたよ。

川口　それは驚きですね。

第3章

不安定な状態をいかになくすか

生き残るとは、詰めを徹底的に行うこと

スカウト訓練は、野外の活動に必要な基礎知識と、なぜこの動作をするのか、その必要性を理解できた後に実技へ移行します。真に訓練の必要性を感じないまま、形だけ実技を習っても、実戦で通用する戦闘技術を身に付けることはできないからです。

中途半端な考え方や行動が一切通用しないのが実戦の世界であり、常に徹底を追及しなければなりません。そのため、スカウトに必要な知識を学ぶ座学は、重要な位置付けにあります。隊員は、S氏から初めて聞く内容や実戦に直結する話を何とかメモに残し、自分なりに理解できる戦闘技術の解説書を作ろうと、真剣そのものです。

「不安定なことをそのままにしていると、戦場から生きて帰れません」

S氏がまず口を開いて発した言葉はこうです。私たちには、その意味する内容やイメージがまだ理解できず、どう捉えていいかもわかりません。しかし、この「生きて」はとても重要なことで、「生きて」がないと、帰れても死を意味します。

次に何を言うか、隊員が集中する教場で、S氏は話し始めました。

「不安定なことはそのままにせず、各人が作戦前に必ず安定化するまで準備をして、不安定

な状態をなくしてください」

言われたからやるのではなく、各人が本気で生きて帰るために、準備を行わなければならないことを強調します。指揮官が不安定な状態のままの隊員を戦場に送り出してしまった場合、不安定な状態の隊員だけでなく、その隊員のせいで仲間も危険な状況に陥り、帰ることができなくなるからです。

「不安定な隊員は、戦場に連れて行ってはいけません」とS氏は強調します。

しかし、私たちはまだ、「不安定の状態」と「安定した状態」のイメージを、ハッキリ頭の中に映像として捉えることができません。そう思いながら後ろを振り返ると、隊員は必死に吸収しようとしているものの、今ひとつ理解できないためか、少し口を開き気味にして、ポカンとしています。

一同、話を聞いても、つかみどころがなく、わかったようでよくわからず、これといったイメージもできずに困っていると、

「ここから質問の時間にします」とS氏が言います。

周りを見渡すと、底知れぬ強さと自分たちの知らない世界を生き抜いてきたS氏に、一体何を聞いていいのかわからず、隊員たちには困惑の表情が広がっています。

するとS氏が口を開きました。

「皆さんは、毎年自分がどの状態で『低体温症』や『熱中症』になるか確認していますか」

低体温症や熱中症に自らなろうとするなんて、危ないし考えたこともなかったという意見がほとんどでした。自然状況の厳しい夏や冬の季節でも、厳しい訓練を追求しますが、定められた安全管理規則に基づき隊員の安全を考えます。部隊長は、安全管理規則に基づき、訓練を企画・実施しなければならないからです。

隊員や部隊が低体温症や熱中症になるような訓練を実施した場合、上司から無茶で計画性がなく、安全管理の徹底されていない部隊だと厳重注意を受けます。また、「管理のできない指揮官」「でたらめな部隊」というレッテルも貼られてしまいます。そのため、S氏の質問に対する答えは当然NOです。

S氏は、低体温症や熱中症になる限界は、毎年違うので知っておく必要があると言います。低体温症や熱中症で身動きがとれなくなった時点で、敵に捕捉されてしまうこと。身体が動かなくなる限界を知っていれば、限界を超えないように体力をセーブしながら、厳しい作戦行動を継続し、任務を達成して生き抜くことができると話します。

「死と隣り合わせの戦場に身を置き、厳しい戦闘が続く環境の中で、自分の体力の限界を把握しておくことは基本となります。基本ができていないレベルでは、当然生きては帰れません」

これからどんな話と、何を実技で要求されるか、隊員が息を潜めていると、一呼吸置いて、「戦闘前にどこまで行動を詰めているかが重要です。広く深く不安定な部分をあぶり出し、確実に安定した状態にできる人間が生き残ります。よろしいですか」と先ほどの質問の本質を解説してくれました。

戦闘のイメージを具体化し、敵がどこまで対応策を詰めているのか、自分たちの方が敵よりも対応策を詰めているのか、いないのか。これらの差で生死は決まり、詰めの甘い隊員や部隊からやられていくのが戦場であると言います。

「質問はありませんか」とS氏は隊員へ視線を投げかけました。

新隊員はなぜ損耗が多いのか

本当は聞きたいことがたくさんあるのですが、隊員はなかなか言い出せない感じです。一人、もぞもぞしながら手を上げました。

「戦場ではどんなことに気をつけたらいいのですか」

S氏は、一瞬何を聞きたいのか、という顔をしましたが、優しく話し始めました。

「新しく入った隊員が必要なことを学ぶようなマニュアルはありますか」

隊員が、『新隊員必携』というのがありますと答えると、

「『新隊員必携』というのですか。おそらく、陸上自衛隊の『新隊員必携』に気をつけなければならない基本的な事項が書いてあるでしょう。新隊員もベテランも共通してやらなければならない内容がそれでほぼわかるでしょう」

まさか、S氏の口から『新隊員必携』を評価する話が出るとは思いませんでした。新隊員は、戦闘経験がなく、何が危険で何が安全か理解できていません。そのため、危険な状態に身を晒し続けていても、その危険性を理解できず、最初に損耗してしまいます。何をどうしたらいいかわからないので、意味不明な行動をとり、無駄に体力を消耗してしまいます。そして、自分が敵に捕捉されるだけではなく、部隊までも危険な状態に陥らせる原因を作ってしまいます。

さらに新隊員は、射撃の精度も低く、不安定の塊と言えます。S氏は、新隊員を損耗させないための準備には、不安定な状態を安定した状態にするための具体的なヒントが満載であると話します。

「『新隊員必携』の通り、常に行動ができれば、戦場でかなりの確率で生きて帰ることが可能となります。重要なことは、いついかなる時でも、『新隊員必携』に書かれていることをやれるかどうかです」

いくら知識があっても、やらなければまったく意味がないこと、実行して初めて生死を分ける行動に結びつくと話します。

確かに、『新隊員必携』の内容は、当然知っていることばかりだろうと思ってしまいますが、「生き残る」という視点に切り替えて読むと、多くの内容を見過ごしていたり、実践していないというのが現状です。『新隊員必携』程度の内容が常にできないレベルでは、生き残れないということです。当たり前のことを常に用心深くやり切る、強い意志と我慢強さは、生き残るための基本となります。

出血を止めないと動けなくなる

『新隊員必携』には「衛生救護」の項目があります。S氏はそこに目をつけ、話を進めていきました。ただ、当時まだ本格的なコンバットメディック（戦闘外傷救護）という言葉は陸上自衛隊に普及しておらず、負傷時の処置は衛生救護といい、添え木や三角巾の使い方、担架搬送などを訓練していた時代でした。実戦の場に不可欠なコンバットメディックという言葉自体、知られていない状態でした。衛生救護の内容を確認したS氏は、「出血を止めないとすぐに動けなくなります。怪我をしたら、必ず止血の処置をしてください」と強調しました。

砲弾の破片や銃創などで負傷し、そのまま走って逃げた場合、傷口から多量に出血してしまいます。出血が止まらないと出血多量で身体が動かなくなってしまうので、必ず止血をしなければなりませんとS氏は話します。怪我の程度にもよりますが、止血により走って現場から離脱することが可能となり、敵の捕捉を回避し生き延びることができます。血液が循環せず組織が死んでしまわないように、止血をしている紐を緩め、もう一度締めなおしてから、離脱を続けなければならないという注意点も付け加えました。

漠然と「怪我をしたら止血」とは考えていましたが、コンバットメディックと敵から離脱する部隊の行動が結びつきました。そこで隊員が

「止血はどのようにしますか」と質問しました。

「パラコを使います」

パラコとは、パラシュートコードの略称で、パラシュート本体に多数付いている強度の高

敵と離隔するまで止血などの応急処置は負傷した隊員自らが実施する。時間との勝負になる戦闘間の救命処置。

い紐です。パラコをスカウトスーツに縫い付けておき、怪我をしたらパラコでギューギューに締めて止血します。

負傷し動けなくなった時点で戦力が低下し、そこにいる仲間もやられる可能性が高くなり、大きな損害が発生してしまいます。そのため、負傷しても敵との応戦を継続しながら、速やかに自分で止血処置を行い、射撃支援をしながらチームで離脱しなければなりません。

今では当たり前になってきましたが、当時は負傷後の戦闘イメージはまったくありませんでした。S氏のコンバットメディックの話によって、負傷者が発生する実戦の世界へ、隊員たちは初めて足を踏み入れました。

音を出して歩く隊員はすぐに発見され、撃たれる

次の質問が出ました。

「銃剣や装備を装着して歩くとカチャカチャ音がしてしまいます。特に、銃剣の鞘が銃や金具部分に当たり、音を消すのが難しい状態です。S氏ならどうしますか」

「銃剣を身に付けていて音が出るなら、私は銃剣を持っていきません。これで音は出ないでしょう」

その通りなのですが、隊員は示された装備を持っていかなければならないので、彼らは連隊長の私の顔を見ます。S氏は、ナイフを3本以上持っていくので銃剣は持つ必要がないと言い、隊員が困った顔をしていると、どうしても持っていきたいのなら、完全防音の処置をすればいいと、いたって当たり前の話をしました。

もしかしたら、私たちは、口では「実戦的」「実戦に通用する」と言いながら、やっていることは、徹底することをすぐにあきらめ、妥協したり、曖昧な状態で済ませたりしてしまい、不安定なままで戦いに行こうとしていたのではなかったか。

「確実に防音と装具の装着ができているか、その場で大きくジャンプしても物が落ちず、音が出なくなるまで処置をしてください。私なら、底が固くて音が出る靴も避けます」

考えてみればこれも当たり前のことであり、中途半端な自分たちの姿勢が恥ずかしくなりました。

「不安定の安定化」に関するやり取りを境に、隊員の心に大きな変化が生まれたのです。S氏は本物であり、S氏の言う「不安定の安定化」を徹底的に行うことが、「生き残る」ことに直結するのでした。このことが、最前線で危険な任務につく立場の隊員の心に深く刻み込まれ、隊員は生き残るための技術について労を厭わず行うようになったのです。

この時を逃がしたらスッキリした回答を得られないと思った隊員が、さらに水筒の水の音の問題についてS氏へ質問します。

「音がすると見つかりやすいと言われましたが、水筒の水を飲み、歩くとポチャポチャ音がするようになってしまいますが、何かいい方法はありますか」

単純ですが、皆が直面する問題です。S氏は何と言うのだろうと答えを待っていると、簡単な一言が返ってきました。

「水筒を持っているからいけないのです。持っていかなければいいでしょう」

以上でした。水筒がなければ水分の補給ができないため、長期の行動はできません。水分補給の重要性を知っている隊員から、核心を突いた次の質問が出ます。

「水分補給はどのようにするのですか」

S氏は、何でこんなくだらない質問に答えなければならないのか、という表情をして、

「皆さんはどうしますか」と逆に質問をしました。

「水筒がないと困ります」と隊員が答えると、

「では、音がしても水筒を持っていくのですか。戦場から帰ってこれませんね。それで終わりです」と言い、多くの隊員が困った顔をしているのを確認し、話し始めました。

「私は、プラスチック製の一回飲み切りの容器に水を入れ、リュックにできるだけ入れます。飲み切った容器は、捨てると痕跡が残るのですべてリュックに入れて持ち帰ります」と話し、「皆さんそれぞれ一番いい方法を考えてください」と付け加えました。

回答はいたってシンプルで、考えたらその通りというものでした。S氏が何でこんなくだらない質問に答えなければならないのか、という顔をしたか理解できます。音が出る水筒のまま歩く不安定な状態をそのままにしていると、敵に発見され撃たれる確率が高くなる。当たり前のことです。水筒は絶対持っていかなければいけないと思い込んでしまい、私たちの思考はここで停止していたのです。

各人が思い込みや先入観を排除し、常に柔軟な思考で改善する方法を考え、不安定な状態を確実に安定化することによって、生きて戻ってくることができることを、S氏は40連隊に教えてくれたのです。

第4章

戦闘におけるスカウトの有用性

斥候《せっこう》の動きを封じる歩哨《ほしょう》

斥候は部隊の前方で偵察の任に当たり、歩哨は警戒の任に当たる兵を意味します。そして、この斥候と歩哨は、戦いにおいて非常に重要な役割を果たします。なぜなら、斥候によって敵部隊の宿営地や施設の位置を正確に把握できれば、精度の高い砲爆撃を行い、大きなダメージを与えることができるからです。

目標情報が入手できないと、砲爆撃が実施できません。目標の位置が不明なため、効果がないからです。さらに、情報の分析、陣地配備の状況などの予測ができず、作戦全般にも、大きな影響が出ます。

この斥候の進入を阻止し、敵の接近を警戒するのが歩哨です。歩哨により、敵の斥候の進入を阻止できれば、人員の配置、陣地の位置、主要火器の位置、弾薬や壊れた装備の回収・補給・整備を行う「段列（後方支援）」の位置などの目標情報を敵から秘匿できます。高い能力を持つ斥候と歩哨が多数いれば、部隊の安全性を高め、敵を確実に叩くことができ、有利な戦いが可能となります。

撃たれても死ぬことはなく、ただの訓練という感覚で、偵察を行う初級レベルの斥候なら、

月の作り出す物陰は隠れる場所として適している。新月よりも満月の作り出す闇はより深く絶好の隠れ場所となる。

敵の支配地域に侵入する
レンジャー訓練で違和感
を感じた瞬間。（画像：陸
上自衛隊HPより引用）

歩哨の能力も初級レベルで十分対応できます。しかし、「不安定の安定化」の考えが徹底された斥候やスカウトの能力を有する斥候の捕捉となると、まったく別物になります。実戦で活躍できるレベルの斥候や歩哨の育成は、現在の教育訓練要領では難しいと考えられます。さらに、斥候や歩哨に必要なセンスと経験も必要であり、育成に長い時間がかかってしまいます。

まずは、歩哨自体の能力を上げなければなりません。そして、斥候の接近する経路を詳細に分析し、斥候が必ず歩哨線に引っかかる歩哨の位置取りと警戒の仕方を行わなければならないからです。

レンジャー出身の斥候レベルは、敵を意識して行動するため、見つかりにくい凹地や林縁を接近経路として選択します。夜間、物陰となる真っ暗な場所に潜み、経路としても使用します。さらに、巧妙に配置した歩哨をすり抜けてしまうスカウトの能力を有する斥候を探知するには、歩哨自体もスカウトと同程度の能力が必要となります。

「ハイプロファイル」と「ロープロファイル」

陸上自衛隊の訓練では、実際に倒されることはないので、若い隊員が順繰りに作業的に歩哨という任務につきます。やられることはなく、敵と遭遇する時期も事前にわかっているからです。自衛隊の訓練では、歩哨の性能の良否は問題にはなりません。しかし、実戦となると話は別で、スカウトの技術が威力を発揮します。スカウトのカムフラージュの技術だけでも、すぐ近くにいて視界に入っていても人間として認識できないため、見えません。

さらに、気配を消し自然の中や背景に溶け込む本格的なスカウトを捕捉することは、より困難となります。スカウトの訓練を受けた敵の斥候が実戦に投入されれば、歩哨は簡単に倒され、その警戒網のほころびから敵の侵入を許してしまい、味方は大打撃を受けることになります。もし、歩哨が高い斥候の能力を有していれば、敵の接近を確実に察知し、さらに高い射撃の能力を有していれば、容易に敵を倒せます。そして、帰隊する敵を察知されることなく追尾し、敵の位置を把握することもできます。

この歩哨が行う警戒ですが、門番を立てるような方法、偽装してわからないように配置する方法、住民に紛れて警戒する方法など、いろいろなやり方があります。この方法は、大きく2つのパターンがあります。「ハイプロファイル」と「ロープロファイル」です。

建物の門番として歩哨が立っている場合、進入しようとする者は、門に歩哨が立っているので、門からの進入は難しく、中にも警備要員がいる可能性が高いと判断します。目立つように歩哨を配置し、警備していることを周囲に認識させることによって、安全を確保する方式を「ハイプロファイル」と呼びます。

存在と威厳を示すことによって、侵入を防止する「ハイプロファイル」は、通常の施設などの警備で行われる方法です。戦場での「ハイプロファイル」方式の歩哨は、ある程度敵の侵入の抑止はできますが、警戒している人間の位置、施設の配置を敵に知らせてしまう問題があります。また、ハイプロファイル方式の歩哨は、最初に敵に狙われ倒される可能性が高くなります。戦闘間にハイプロファイルのみの歩哨で警戒することは、第一線に近くなればなるほど、危険性が増加します。

そういった場合は、警察官が私服を着て秘やかに巡回したり、敵が区別できない服装をしたり、敵から見えない場所や身体を偽装し見つからない状態で、歩哨や警戒員を配置する必要があります。この方式を「ロープロファイル」と呼びます。敵に見つかりにくい歩哨のため、歩哨や施設の配置が暴露されることはありません。

見張りを立てた「ハイプロファイル」による警戒のイメージ。

自然に溶け込む技術「ストーキング」

スカウトは、カムフラージュを含む自然に溶け込み敵へ接近する「ストーキング」、敵を追尾する「トラッキング」、自然の中で生存する「サバイバル」、敵を倒す「マーシャルアーツ」に分かれます。

ストーキングとは、自然に溶け込むカムフラージュを行い、敵に気づかれずに接近する技術です。カムフラージュでは、スカウトスーツとペイントの他、常に注意しなければならない動きがあります。それは、目の動きです。

白目が動くと輪郭がぼやけていても、目の存在と目の高さから、脳が人間という認識をしてしまいます。そのため、敵との距離が近い場合、目を細め白目の部分を小さくしなければなりません。また、視点を動かす場合は眼球を動かすのではなく、首をゆっくり動かして視点を変えます。

目の動かし方に引き続き、背景に溶け込みながら接近する「ストーキング」についてS氏の説明が始まりました。その第一声は、

「自然界にない動きをしてはならない」でした。

実技は、頭と背中に草を付ける通常の陸上自衛隊員が行う偽装をしてススキの生えている演習場を歩かせ、その見え方から、自然界で存在する動きと存在しない動きの確認から始まりました。身体に付いているススキや草が歩くたびに上下に動くように歩かせ、S氏は隊員へ問いかけます。

「この動きは自然界にありますか」

どこが判断のポイントかわからないので、隊員は頭をひねるだけです。

次に、隊員の身体に付けているススキが大きく横に揺れる動きをさせ、同じ質問を隊員へ投げかけました。

「ポイントは風です。風が吹くとススキはどのように揺れるか、イメージしてください」

S氏が話した時、隊員が「アッ！」と反応しました。

「そうです。風が吹いても、自然界では、草は上下に動きません。この動きをすれば、敵に捕捉されます。敵からどのように見えているか常に意識してください。自然界にない動きをしてはなりません」と話した後、さらに、

「皆さんはすぐに身体へ草を付けますが、身体に草を付けることが本当にいいかどうか、その不利点について考える必要があるでしょう」と問題点を指摘しました。

私もS氏の指摘に賛成です。小隊長のころから、陸上自衛隊の野外での偽装は、かえって位置を暴露してしまう可能性があると感じていたからです。陸上自衛隊では、身体中に草をたっぷり付けた偽装をすると「よくやっている」と、上司から褒められます。しかし、褒められた隊員が歩くと、偽装に使った多量の草が歩いた後にボロボロ落ちます。歩くとバサバサ音もします。道から外れた草地を歩いていても、身体から落ちた乾いた草や枯れ草が痕跡となり、どこを歩いたかすぐにわかる状態です。

草を身体中に付ける偽装は、実戦で通用するのか、そもそも必要があるのか、常に疑問でした。小隊長のころ、上司へこの偽装の問題点を指摘するたびに、

「やれと言われたらやるんだ」と、何度怒られたことか。

S氏は、1日以上そこにいるだけなら有効かもしれないが、動けば草のすれる音が発生し、すべての偽装を落としてから移動しないと、歩いた後にボロボロ葉や草が落ちてしまい痕跡を残してしまうことを指摘します。偽装するための葉や草を切り取った場所や偽装を取った枯れた草の散らばりから、その場所にいた時期、人数、装備の状況など、敵へ痕跡を与えてしまうとどうなるかと。

戦闘のイメージを自分の中で可能な限り具体化し、戦場で発生する問題と対応策を、自分

が欲しい「解」を得るまで考え、準備する必要性を説くS氏の考え方が身体にしみ込んでいくと、S氏の言う内容が鮮明にイメージできるようになり、常に自分自身で何が最善の行動なのか、自然に考えて行うようになっていきました。休憩後もストーキングの話が続きます。

ネイティブアメリカンが獲物に近づく時、獲物は接近するネイティブアメリカンに気づいたならば、当然逃げてしまいます。では、どうして獲物は気づくのか。原因は、接近する時に発生する音や姿の他、匂いがあります。その場にはない匂いの存在が、ベースラインを乱すからです。この「ベースライン」という言葉は深い意味があるので後で詳しく説明します。

自然の中では、何の気なしに日常生活で使用している香りが、ベースラインを崩す原因になります。例えば、シャンプーやリンス、香水の香りは、自然界に存在しない匂いです。自然界に存在しない匂いは、微量でも自然の中に違和感として拡大し、ベースラインを乱します。ベースラインを乱した瞬間、動物に存在を悟られ、逃げられてしまいます。

まず、ふだんの生活の匂いを抜き、消す必要があります。匂いを消し自然界に溶け込める状態にする準備は、1週間前から行います。1週間前から、体臭を強くする原因となる「アルコール類」、「肉類」、「香辛料」を断ち、シャンプーやリンス、香水類の使用を止めます。3日前には、多量に汗をかく運動を行い、身体から濃い汗を出します。それ以降、風呂では石けんを使わず、水かお湯で洗うようにします。食事も匂いの強いものを避けます。歯磨きも歯磨粉の匂いは自然界に存在しないため、使用を中止します。

作戦行動間は、汗の匂いや体臭を消すため、人間の身体で匂いを発する場所である首、脇の下、股間にあるリンパに砕いた炭を入れた袋を付けるか、すり込みます。炭は消臭効果が高く、服の輪郭を黒くするペイントとしても使用できるため、予備を持つようにします。休憩時間を利用して、付近の草の汁を服に塗り込み、常に自然界のベースラインに溶け込むようにします。

口臭も、何日も経つと存在を伝える兆候になるため、薬草や食用になる野草をガムのように噛んで自然に溶け込む香りにします。戦闘に入る前に、当然のようにやらなければなりません。

自然界にない動きを知り、匂いを消すと、次は、獲物へ近づくための接近要領に移ります。獲物に接近する時、音や姿、影などから存在に気づかれてしまいます。このため、スカウトでは、周りの状況を感じ取りながらゆっくりした歩き方、「スカウトウォーク」を使います。

スカウトウォークは、一歩一歩つま先で足を下ろす地面の状態を確認しながら、時間をかけて足の裏まで着ける歩き方になります。神経を使うので、続けるのは疲れる動きです。しかし、スカウトウォークでは、反対に神経を敏感にさせず、周囲の情報を感じ取れるように、心をゆったりさせなければなりません。当然、真っ暗な場所でも、木の枝を踏みパキッという音やジャリッという靴と地面がこすれる音が出ないようになるまで、スカウトウォークの練成が必要となります。

獲物に近づくに従い、身体の高さを徐々に低くし、最後は「ほふく」の状態になります。ほふく状態では、1回の移動距離を5~10センチメートルに縮め、動く間隔もあけます。動くものは目に入りやすく、気がつきやすいため、獲物からは動いていることを悟られないようにします。時間がかかりますが、動かない時に身体を休ませるようにして、体力の消耗と筋肉の疲労を防止しながら継続します。

人間同士の戦いで、「ストーキング」のできるレベルの相手と戦ったら勝負にならないでしょう。また、ストーキング能力が高くなれば、歩哨の数メートル脇を通り抜けても、気づかれなくなります。

94-99ページに掲載した写真はカムフラージュの一例。石垣の上で身を隠しているスカウト。写真に写すとわかりやすいが、実際にそこに人がいるとわかっていないとまったく気づくことができない。

根元から二股に分かれている木の正面にいるスカウト。

（上）根元が二股に分かれている木の左側の陰に溶け込むと、日中でも発見するのは難しい。
（下）写真中央左寄りに体を丸くし、ベールでシルエットを消しているスカウト。

歩哨の右側の茂みで、ベールを被り同化しているスカウト。

木の根元に抱きつき、人のシルエットを崩す方法は、警戒しながら休憩する時にも用いる。

道と茂みの境界線で伏せているスカウト。このまま身体を引きずらないようゆっくり移動することも可能。

音を立てず気配を消して敵に接近するストーキング。

頭を下げ、足を広げないようにゆっくりと歩き、気配を消しながら移動するスカウトウォーク。

警戒強度が高い場合は、より頭を低くし人間のシルエットを崩しながらゆっくりと動く必要がある。

追尾する技術「トラッキング」

ストーキング技術について学ぶと、次は「トラッキング」の訓練に移行します。トラッキングとは、ネイティブアメリカンが、獲物が残した痕跡を見つけながら追跡する技術です。トラッキングでは、足跡の状態や周辺の草木の変化を詳細に調べ、いつごろ付けられた足跡なのか、足跡の持ち主は何を考え、どのような行動をしていたかを読み取りながら、追跡します。

トラッキングを知ると、足跡をはじめとする痕跡から、驚くほど多くの情報が得られるのがわかります。S氏は、

「背嚢（リュック）、小銃を持っても、持たない状態でもいいので、移動して歩いている姿を私から見えないように、砂の上を歩かせてください」と言いました。

S氏が、これから何をしようとしているか、よくわかりません。隊員は、S氏が現場から離れたのを確認し、砂をまいた土の上を15メートルほど歩き足跡を残しました。歩かせた隊員は、「背嚢と小銃を持った隊員」「いつでも対応できるように小銃を持ちながら警戒して歩いている隊員」「何も持っていない隊員」の3人です。

S氏を呼びにいき、足跡を付けた場所に戻ってくると、S氏は3つの足跡をすぐに調べ始めました。それぞれの足跡を確認した後、足跡に30センチメートルぐらいまで顔を近づけて、踵からつま先の方向に向かって何かを調べています。足跡を調べていたS氏は、

「わかりました」と隊員の集まっている場所へ戻りました。

「一番簡単な足跡から話しましょう」と、何も持っていない隊員の歩いた足跡を指差します。隊員は、何でわかったのかと驚きましたが、その後のS氏の話を聞き、トラッキングの恐ろしさを知り、隊員全員が歩き方に注意しなければならないことに気づきました。何も持っていない状態で歩いた場合、踵から地面に着き、つま先へ体重が移動し、つま先で軽く地面を蹴るように前に進む足跡になります。

では、走った場合どうなるか。走ると、つま先の部分で強く踏み込み、スピードを出すため、つま先で地面を蹴り上げ、小石が周りに飛び、ひっくり返ります。新しい足跡ならば、ひっくり返った石が濡れていて、辺りにわずかに土の匂いがします。普通に歩いている状態と走っている状態を見分けられることに驚いていると、さらに説明が続きました。

「この人は、右足のつま先を開いて歩く癖がありますが、何かやっていますか」と言います。

何も持たないで歩いた隊員は、

「柔剣道をやっています」と答え、構え方や突きの仕方を説明しました。

S氏は、このようにつま先が開くと、歩く癖を読み取られ、敵に倒されるヒントを与えてしまうと言います。

「この人は、左方向の対応は比較的早くできますが、右方向からの攻撃に対しての対応が遅れることがわかってしまいます。私なら右後ろから狙います。この、つま先の開きを『ピッチ』といいます。敵に弱点をつかまれないように、つま先を開く歩き方を修正する必要があります。まず、ピッチをなくす歩き方を今日から始めてください」と指示が出ました。

次にS氏は、

「この足跡は、銃口を右に向けて警戒しながら歩いたものです。踵から踵までの平均的な歩幅、これを『ストライド』といいます。ストライドから、身長は170センチメートルよりも背の高い人間であることがわかります。右に体重がかかっていて、視線は右方向が中心となり、左側が弱くなります」と小銃を持って歩いた足跡を指差して言いました。

3つ目の足跡を見て、

「残りの足跡は、重量物を背負っているので、普通よりもつま先を強く踏み込むところが特徴です。やや身体を倒して歩いていることがわかります。この人は、左利きでしょう」と足跡から得られたプロファイルを説明しました。

足跡からは、思っていた以上の情報が得られることに驚きです。そして一番驚いたのは、左利きまで足跡から読まれた隊員でした。

今回は、砂の上を歩いた直後の足跡なので多くの情報が確認できました。実戦では、固い土や柔らかい土、草の多い道、砂利道の場合の足跡の特徴や時間の経過に伴う足跡の状態を判定する知識と技術が、トラッキングでは必要となります。足跡は、半日、1日と時間が経過するごとに、踏み込んで盛り上がった部分の角が崩れていきます。1週間も過ぎると、足跡の角や輪郭がなくなっていき、形が曖昧になっていきます。

トラッキングに必要な知識を得るため、基礎編では砂の上・土・砂利道に付けた足跡を時間の経過に伴い変化していく状態を撮影した画像データを作成します。このデータを元に、発見した足跡が1時間後なのか、24時間後なのか、72時間後なのか、道の状態によって判断できるように訓練を行います。このような地味な訓練を反復することによって、足跡の状態からそれがいつのものなのか判断できるようになります。

次に、足跡の持ち主が何を考えながら、何をしようとして歩いていたのかをその人になりきって考えます。足跡が停止し、左足を軸につま先を左90度に開いた時、その人はなぜ停止し、左側を見なければならなかったのか、その人に同化して行動した理由を解明します。

何か音が聞こえたのか、敵を発見したのか、偵察したい何かがあったのか考えます。身体を低い体勢にした跡やその場に伏せた跡があれば、敵を発見したのかもしれません。隠れやすい場所へ移動した痕跡があれば、対敵行動と判定できます。偵察をしているならば、左の方向へ近づいていく痕跡があります。左を向いただけで、引き続き同じ速度で歩き始めていれば、定期的に周囲を確認する行動と判定できます。このように、トラッキングは、小さな痕跡から事実を引き出し、足跡を残している人間に同化しながら、追い詰めていきます。

追尾対象者の痕跡を確認して追い詰めていくトラッキングでは、排せつ物は大きな痕跡となります。追尾対象者との時間差や人数、体調も確認できる情報を得られるからです。また、木の枝や草の状態からも、追尾対象者の情報を得ることができます。木の枝や草の折れた状態は、人か動物が残した痕跡です。草の倒れ方によって、その場所を歩いた人数、歩く方向がわかります。完全に倒れてしまった草の状態からは、その場所で座ったか寝そべっていたことがわかります。

レベルが高くなれば、片膝を着いた動作まで判定することが可能となります。木の枝や草の枯れた状態によって、経過した時間も把握できます。草の匂いのする状態では、あまり時間が経っておらず、折れた部分や葉っぱが茶色くなっている状態は時間がある程度経過していることがわかるからです。草や枝の状態は、四季によって異なり、木や草の種類によっても異なるため、足跡と同じように画像データを作成し、感覚や判定の仕方を養います。

トラッキングは感覚的なものではなく、ひとつひとつの事実の積み上げによって行われていることを初めて知ると同時に、トラッキングの知識を知らなければ、簡単にスカウトに追い詰められ、仕留められてしまうことが理解できます。

S氏は、5~7名程度の分隊が歩いた後は、そんなに時間が経過していなければ、土や草の匂いがするといいます。歩く時につま先で蹴ってひっくり返った石が裏返しになるため、裏返った石に付いている濡れた土が匂いを発するからです。草も、通過時に曲がったり、折れたりするため、匂いが発生すると説明しました。

このような能力の高いスカウトに追われた場合、まず逃げ切れないと感じるとともに、トラッキングの能力を有する隊員は、用心深く、生き残ることができます。また、斥候ならば、敵の行動をつかみ取り、重要な情報を収集することができると思いました。

スカウト訓練は、情報小隊と各中隊の斥候要員が中心となってレベルを向上し、各中隊へ普及する態勢をとることにしました。実戦に役立つトラッキング技術を学ぶ隊員は、座学でも目を皿のようにしてメモを取っています。空いている時間があれば、「葉っぱが裏返っている状態は、どのぐらいの時間で元に戻ってしまいますか」と質問をしながら、自分のものにしようとしています。教官要員はこのように答えます。

「自分や仲間と実際やってみて確認してください。自分たちで考えて行動する癖をつけてください」

いつか誰かに言われた言葉のようです。

動物たちと同じようにベースラインを理解している人が、森の中で人工的な匂いを発しながら足跡を残し、さらに小便をしながら痕跡を残しまくって歩き回る人を、追跡し見つけ出すことは簡単なのです。

地面にできた痕跡は思っている以上に、相手に情報を与えてしまう。

落ちている枝を踏むと、地面にめり込んで痕跡を作ってしまう。

地面にも痕跡が残りやすい地面とそうでない地面があるので、どこを歩くか慎重に見極める必要がある。

折れた枝の断面の色も重要な痕跡となる。真新しいものかそうでないかで、おおよその通過時間がわかってしまう。

葉に付いた跡が新しければ、ここを通過したのは最近であることが判別できる。

生き残る技術「サバイバル」

小倉駐屯地の近くに豊かな自然を有する山田訓練場があります。この山田訓練場の自然に溶け込むようにたたずむ、ネイティブアメリカン風のインストラクター川口 拓氏（以降は拓さんと呼びます）が、「カムフラージュ」「サバイバル」の訓練を担当します。

拓さんの目の焦点を合わせないでボーッと周囲全体を見ている状態は、S氏よりも曖昧で透き通る感じがします。また、速度は遅く、頭を上下させず、スローモーションのように歩きます。その歩き方は、自然に溶け込むように心がけ、自然を荒らさない丁寧な歩き方のように見えます。

人間は、周囲の情報をキャッチしようとする場合、動いている時よりも、立ち止まっている状態の方が情報をキャッチする感度が高くなります。速く歩くと足音や風を切る音、周囲の音が雑音となってしまい、情報をキャッチする能力が低下してしまいます。拓さんのゆっくりした歩き方は、歩いていても立ち止まっている状態と同じ感度で情報をキャッチできる状態を確保していたことを後に知ります。

前でも紹介しましたが、この歩き方を「スカウトウォーク」と言います。スカウトウォーくは、実際にやってみると難しく、訓練を行わないと上手くできません。スカウト訓練を受けていくうちに、拓さんは瞬く間に森の中に溶け込んでしまい、捕まえるのは困難な高い技術を持っていることが理解できます。

サバイバルは、厳しい生き残りを訓練するというイメージですが、拓さんの口から出た言葉は意外でした。

「自然の暖かい懐の中で心地よく行動してください」

アメリカのトラッカースクールの教えを受けた拓さんは、自然にあらがうのではなく、自然の懐の中で行動させてもらうという立ち位置を取ります。どちらかというと、自然を楽しむ感覚です。拓さんは、

「豊かな自然の中にある石の上に1日中座っているだけで、木々の間を流れる風、動植物を感じ取れて楽しい」と言います。S氏も、

「3日間くらい石の上に座って自然を楽しんでも飽きないね、拓さん」と話します。

スカウトには、まだまだ隊員の理解を超えた奥深い世界があるようです。

訓練では、木と木をこすり火を起こす方法から、ツルを使ってロープとして代用する方法、また、枝と草を利用した潜在拠点を実際に作成します。潜在拠点は、周囲の背景に馴染むよ

うな場所が選定されます。拓さんから、水の道や風の道、日の当たり具合の説明を聞くと、自然の懐で行動するという意味が何となくわかるような感じがします。

サバイバル訓練は、40連隊のレンジャー教育隊のメンバーが、拓さんから学び、各中隊へ普及する方式をとりました。隊員は、拓さんからナイフ一本で自然を楽しみながら、しぶとく生き続ける方法を学んでいきます。マーシャルアーツに続き、ここでもナイフの重要性を認識できました。

シェルターを作る木材は
現地で調達する。木材は、
刃物とロープを使ってさま
ざまなものに加工できる。

木で骨組みを作り、その骨組みに落ち葉を積み重ねていけば暖かなシェルターを作ることができる。

（上）自然にダメージを与えないよう、立ち枯れしたものを優先的に使用する。
（下）弓切り式の火起こし道具もナイフなどで自作する。よく乾いた材料を選定する。

格闘技術「マーシャルアーツ」

さて、スカウトにおける4つの要素の最後は、マーシャルアーツです。S氏は、スカウトがマーシャルアーツを使うのは、やむを得ない状況の時のみであると言います。敵に見つからなければ、戦う必要もないからです。偵察チームは少人数のため、特に戦闘を回避し、敵に発見されない行動を重視します。

スカウトが戦うのは、敵の攻撃を受け反撃する時、敵のいる場所から離脱をする時、隠密に処理しなければ任務達成ができない時、といった命に関わる時だけに限定されます。敵と戦っている場面でも、敵から見つからないような動きを追求します。このため、マーシャルアーツは、可能な限り敵に密着し、小さな動きで素早く、音や声を出させないで敵を戦闘不能にする戦い方をします。身体の中心線を狙ってくる敵の攻撃を、独特なステップによってかわすと同時に戦闘不能にする技を繰り出します。

独特のステップを使い精巧な技をかけるため、大人数が一堂に会して行う訓練方式では、技の理解や定着が非効率になってしまいます。各中隊への普及は、フルコンタクト空手ミドル級チャンピオンの隊員を始めとする格闘センスの高いメンバーを人選し、進めることにしました。

マーシャルアーツの訓練が進むにつれ、基礎的な技から、実際の各種戦闘場面で使うナイフ格闘、関節の破壊、首にかける技、組行動の動作へ発展していきます。マーシャルアーツの技が上達すると、メンバーの身体から発する、ユラッとした透明のオーラのようなものが強くなり、どんな状況でも心身ともに落ち着いた状態を維持できる安定感が増してきたのがわかります。

選抜メンバーの日々の努力と各中隊への普及訓練の積み上げによる訓練量増加によって、マーシャルアーツの技の高度化が進むと同時に、選抜メンバーの技術も飛躍的に伸びていきました。

127 ～ 131ページはスカウトマーシャルアーツの各種行動の一例。敵の攻撃に瞬時に対応し、素早い流れの中で敵を戦闘不能状態にする。

カムフラージュのスペシャリスト

S氏が、マーシャルアーツの説明の時に、腕や肘が折れる寸前まで技をかけられる相手役をさせるのが、スカウト・インストラクターのI氏です。S氏はスカウト・インストラクターの能力向上のため、定期的に野外訓練を実施します。訓練内容はいたってシンプルです。S氏のトラッキングから逃げ延びるだけです。痕跡を消し、いかに隠れ続けるかです。

痕跡を追って近くまでI氏を追い詰めたが、とんでもない隠れ方をしていたため、何回か見つけることができなかったという話題で盛り上がります。

「Iは、逃げ隠れについては、天才的なものがあります。すぐ近くまで追い詰めているのがわかっているのに見つからない」とS氏は評価します。

大概の隠れ方では見逃しませんが、彼は、命がけなので隠れ方が半端ではないと言います。

「どうしてI氏は、命がけで隠れるのですか」と聞くと、

「Iは、私に捕まるのが死ぬほど怖いからだと思います」とS氏は、サラッと言いますが、どうも捕まると死ぬほど厳しいペナルティーがあるようです。

「先日、Iを川沿いまで追い詰め、この辺にいるのは確実な状態なのに見つかりませんでし

た。後で聞くと、Iは、川の真ん中にある水を勢いよくかぶっている大きな石にしがみつくようにして、いつまでもじっとしていたのです。寒い時期に、大したものです」と笑いながら話してくれます。

「彼には、持って生まれたセンスがあります。隠れることだけですが」と、話は続きます。

「この前も、気配が感じられるほど、近くまで追い込んでいるのに、見つからないんですよ」S氏は、楽しそうに話を続けます。

「間違いなく近くにいるはずなのに、見つからなかったんです。ついに時間切れとなり、終了の合図をすると、どこから出てきたと思いますか」と、私の顔を見ながら言い、

「すぐ近くの道路の黒い部分が動き、真っ黒の人間が起き上がってきたのです。凄い男です」と言い、S氏はI氏の隠れ方を説明してくれました。

舗装されていない土の道路を車が通ると、タイヤが通った部分がへこんでいき、「わだち」ができます。タイヤが通っていないところは、草が生えている状態で、元の地面の高さと同じままです。I氏は、深めのわだちを掘って身体を入れるスペースを確保し、掘った土を使用して身体全身を土で覆い、わだちの中に埋まるように隠れていたのです。ストローのようなものを使用し呼吸を確保しながら。S氏とI氏の師弟関係は、なかなか強烈のようです。

column-❷

サバイバル

川口 拓氏との後日対談

川口 サバイバルでは、プログラムの依頼を受けてみると、無人島でナイフ一本を持って10人くらいでサバイバル体験をしてみたい、というようなことを言われたりします。しかしそれは、例えばボクシングでいうと、ジム入門初日に日本チャンピオンとスパーリングするぐらいの体験。ジャンル的にスポーツだと練習しないとこうはならない、という認識が皆さんあるようですが、サバイバルだと知ればできるんじゃないかと思っている方が多いですね。僕も最初はそう思っていましたが。

二見 川口さんのお話を伺っていると、サバイバルというのは、自然の懐の中に入ってその中で動いていくというのが基本にあるように感じます。しかし一方で、サバイバルというのは苦しくて、生き残っていくためのものという認識が一般的に広まっているかと思います。川口さんはどのように捉えているのですか？

川口　最初にトラッカースクールに行くと、「厳しい自然と戦うサバイバルを学びたい人は他のスクールに行きなさい」という言葉から始まるんですね。本当に自然の流れの中に身を委ねれば、自然が皆さんを生かしてくれるから、という教えです。それでも最初は、ある程度練習をして自然の中に入って行っても、それは正直きれいごとだな、という風に感じました。しかし3日後ぐらいから、ちょっとそういうモードに入っていくようなイメージが漂い始めた気がします。

二見　ちょっと話はそれますが、昔は訓練に行くと1週間ぐらいお風呂に入らないで野外にいたんですけれど、5日目から手が汚れなくなるんですよ。3日目までは手が汚れたり身体が汚れたり、蚊が寄ってきたりして大変な思いをするのですが、5日目くらいからは蚊も寄ってこなくなって、手も汚れなくなって、そうすると自然と馴染んだ感じがするんです。それまで嫌だったことが嫌でなくなるんですよ。そこから何か自然の中に溶け込んでいくのかなとか、匂いも変わってしまったのかなと思いましたね。

川口　僕も、3日目くらいから地面にそのまま腰を下ろして座ることにまったく躊躇がなくなり始めます。あと、2週間の連続のコースを取った時のことです。1週間目が終わって次の1週間が始まる時に、町から新しい生徒さんが入ってくるんですが、向こうがまず言ったのは、皆さん正直凄く臭いですよって。1週間森の中にいて、近くに泉があってそこで水浴びぐらいはするのですが。ただ、森の中にいた我々からしてみたら、その人たちの方が臭いんですよ。人工の香水なのか何なのかわからないですけれど、そういう匂いがするんですよね。今お話を伺っていて、そのことを思い出しました。

二見　よく狸の匂いがするとか言いますよね。人間社会の中だと狸の匂いは違和感がありますが、野外では狸の匂いは違和感がなくて、人間の匂いは違和感があるんですよね。

川口　それだからか、野生動物は自分の糞尿の匂いが凄く好きじゃないですか。何か、そういうモードに入っていくのかな、という感じがしますよね。

二見　ところで、自衛隊の訓練では、火を見せると目立ってしまうんですよね。でも生活をしている時は、火を起こして火を使うことによって、動物から守ったり、食べ物を作ったりすることができます。ネイティブアメリカンの方々は、その辺をどのように考えていたのでしょう？

川口　ネイティブアメリカンの日常生活と、スカウトが用いるサバイバルというのは、別なんです。隠密性の高いベースラインを本当に乱さないようなサバイバル術というのは、かなり高度なサバイバル術で、それ故にすごく魅力的ではあるんですけど。それはきっと、小野田さんとか横井さん（※）とかがやっていたサバイバル術に凄く近いものであると思います。

二見　若い人は、小野田さん横井さんと聞いても多分わからないと思いますが、日本兵の生き残りですよね。

column-❷

川口 拓氏との後日対談　**サバイバル**

川口　生活をしていると、何をしてもそれなりに音や光などが発生します。そういうのを隠しながら生活しなければいけないというのは、サバイバル術自体が凄く縮小されてコンパクトになる分、自分の身体の動きとか使い方とか、エネルギーの消費とかにも、もの凄く繊細にならないといけない。そして、それに合ったライフスタイルにしていかないといけない。しかし大変ですが、ある意味で凄く魅力的で追求しがいのあるサバイバル術という感じがします。

二見　最前線にいるのか、補給基地にいるのかというところですよね。そして、サバイバル訓練は、レベルに合ったことを、ちゃんとやっていなければ駄目ということですね。

※小野田寛郎さんと横井庄一さん　ともに第二次世界大戦後に30年近く残留日本兵として、フィリピン・ルバング島やグアム島のジャングルに潜伏・生活していた。

第5章

気配の消し方、気配の感じ方

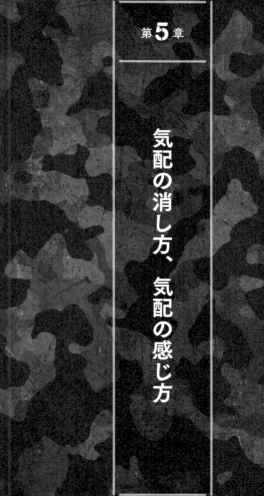

本当に気配を感じ取れるのか

地球外生物が人間狩りをする映画「プレデター」において、気配を感じ取れるネイティブアメリカンの兵士が、「実際に確認はできないが、何かがいる気配がする」と言ったのが頭に残っています。私は、このネイティブアメリカンのような隊員がいれば、部隊の安全は格段に高まると感じると同時に、その育成方法があると素晴らしいなと感じました。

数ヵ月後、小倉駐屯地に訪れたS氏と今回の訓練の話をしている時、カムフラージュの話からネイティブアメリカンが気配を感じ取れる話題になったとたん、驚きの発言が出ました。

「すべてではないですが、ネイティブアメリカンの能力は体系的な訓練を行うことによって身に付けることができます」とS氏が言ったのです。

「エエッ、本当ですか」

思わず喜んでしまいました。

「その訓練を連隊に行ってくれますか」と言うと、

「次の訓練から、気配を消す、感じ取る内容に移行します」という答えが、当たり前のように返ってきました。

ネイティブアメリカンのような気配を感じ取れる能力を40連隊の隊員が保有し、実際に敵の気配や危険を感じ取ることができれば、部隊・隊員の行動の安全性を飛躍的に高めることができます。凄い能力が身に付く喜びと、半面、本当にそんなことができるのかな、という気持ちも正直ありました。

懇談が終わり、S氏のチームが退室して少し経つと、副官が入ってきて、「明日の訓練はほとんど座学です」と伝えてくれました。

「実技ではなく、ほとんど座学か」

知らない世界の話を多く聞く日になりそうだなと思いました。

その場所のベースラインを理解する

次の日、連隊の主要メンバーが集まった教場で講義が始まりました。担当は、拓さんです。拓さんは、会っていても人間の「質量」を感じず、相手を自分の手の平に乗せることができるような、ゆったりとした一定の時間の流れと心の休まる空間の中にいる印象を受ける人です。一言で表現すると、一緒にいると居心地よく、ゆっくりとした時間が流れ、心が落ち着くように感じさせる人間です。

「自然には、騒がしい時期と静かな時期があります」が第一声です。何を言っているのだろうか、理解しようにもつかみどころがわからず、必要性もないように感じます。そのせいか、隊員の目は点の状態になっています。

「自然の中に動きがある時、騒がしくなります。動きが落ち着くと、静かになります」

拓さんの話は、初めて聞く内容と用語が多く、初めのころはメモを取っていても正確に理解することが難しいものでした。次第に講義が進んでいくと、パーツパーツの話がつながり、曇っていた空がスゥーッと青空へ変わっていくようでした。しかし、最初の段階では、自然界の掟のようなことを聞いている感じでした。

1日のうち朝と夕は、日が昇る前に動物や昆虫、植物が、1日の活動を始める準備を行い、明るくなると動き出します。そして、日が沈む前に1日の活動を終わる準備を行い、ねぐらに戻ります。夜行性の動物や昆虫は、この動きの反対の動きをします。昼と夜は、いっせいに動植物たちが大きく動くことはなく、静かな安定した時間になります。騒がしい時間は、それに合わせた動き、静かな時間では、それに合わせた動きが必要となります。四季も、季節が大きく変化する春と秋は騒がしい時期になり、夏と冬は静かな時期になります。この程度のことを感じ取れないようでは、気配を感じ取ることもできないことがわかってきます。

自然が発する気配を敏感に感じ取ることが、ベースラインに溶け込むための第一歩となる。

このスカウト訓練の中で、気配を消し、敵に見つからない技術を拓さんから学びました。特にベースラインの重要性について、拓さんから時間をかけて講義を受けました。

「自然界では、『ベースライン』というものがあります。ベースラインをどこまで精度高く捉えられるかで、気配を感じ取る感度が変わります」と拓さんが話します。

ベースラインは、1年を通じ、いつも変わらない「その場の状態」です。朝昼晩の時間的な変化の中で見せるいつもの顔、同じ状態を示します。春夏秋冬でのいつもの状態が季節に応じたベースラインとなります。

例えば人間では、普通の状態で話しているのがその人のベースラインとなります。怒ったり、悲しんだりした時に、ベースラインが崩れた状態となります。ベースラインを捉えることができるようになると、ベースラインが崩れた状態を敏感にキャッチすることができるようになります。

自然界にはいつもの状態がベースラインとして存在し、野生動物や昆虫は、侵入者や変わったことが起こるといつものベースラインが乱れ、危険が迫っている警告音を発してその場を離れていきます。

最初、木の高いところで、チッチッとこちらを警戒して強く警報を鳴らすように鳴いていいた鳥が、こちらがその場に溶け込んでくると、鳥は低いところに降りてきて気持ちよさそうに穏やかに鳴き始めます。先ほどまでは自分が警戒されていましたが、自然に溶け込み、鳥の鳴き声や位置から敵の接近や近くで今までと異なった動きがあることを知ることができるようになります。つまり、鳥が味方になるのです。

時間帯によってもベースラインが刻々と変化することを知り行動すると、自然は人間を受け入れやすくなり、動物たちも警戒をしないでふだんの生活を続けます。ベースラインを乱して存在している人間の行動は、高性能レーダーで脅威となるものや変わったものがあるかどうかを常にベースラインの中で探査しながら生活している野生動物たちからすれば、レーダー画面に大きな反応を出し続ける異物と判断されてしまいます。

気配を消す基本は、その場所に存在しているベースラインを乱さず溶け込むことであることを学びました。そして、自然の中に溶け込むと、自然が味方してくれます。

気配を消す、感じ取る

ベースラインの変化から敵や何かの存在を知ることができるということは、逆にベースラインを変化させたり、崩したりしなければ存在を察知されないことになります。ベースラインに溶け込んだり、ベースラインを乱したりしないように行動することができれば、自分の気配を消すことができるということです。

ベースラインの変化を感じ取ったり、見つけたりすることができれば、気配を感じ取れることになります。ベースラインは、気配を感じる基本となります。季節や1日の騒がしい時間や静かな時間を感じ取ることができないレベルでは、ベースラインを捉えることもできないことがわかります。

人間が何かを感じ取ろうとする時、立ち止まり、音や空気の流れに意識を集中します。走った後、ハァハァ言いながらでは自分の身体が騒がしくて、感じ取ることができない状態になります。秋の夜に草むらを歩くと、ジーッと鳴いていた虫がピタッと鳴き止みます。そしてしばらく静かにしていると、また鳴き始めるのを経験した人は多いと思います。

気配を感じ取るには、心と身体の安定が必要となります。その方法は、心の中に静かな月夜をイメージし、どこまでも静かな水面がずーっと続いている大きな池を思い浮かべます。その静かな水面は、夜空に輝く月がきれいに映し出されるほど波ひとつない状態です。波ひとつない水面をイメージし続けられれば、周囲に溶け込み、気配が消えていきます。

波ひとつない水面に波紋ができたということは、自分の心が乱れてしまい水面を波立ててしまったか、何かを感じて波紋ができたかのどちらかになります。自分が正常な状態であれば、他の何かが近づいてきて音がしたのか、何か危険が迫っていることを示します。

自然には、樹木の多いところ、開放された場所、水の近く、薄暗い場所、草の長さが身長ほどあるところや風の吹き方、太陽の日の入り方など、その場所・時間帯特有の雰囲気があります。自然の雰囲気の中に溶け込んで行動している動物や鳥、昆虫は目立たなく、そこに存在しているのが当たり前になっています。この雰囲気の中に、違和感満載の行動をしている人間が入り込むと非常に目立ちます。

自然に溶け込むにはまず、いろんなことを考えながら揺れ動いている心を静めること、そして、1点を凝視するような視線ではなく全体を見るような柔らかい視線にすることが必要です。そして、自分が今いる場所にゆったりとした心で静かに動かないで最低20分以上いると、風の動きや木々の音、虫の鳴き声や鳥のさえずりが自然に聞こえてくるようになります。これで、自然の中に溶け込んだ状態になります。

例えば、樹木の多いところから開けた場所へ移れば雰囲気ががらりと変わるので、またあらためて自然に溶け込む行動をする必要があります。雰囲気が変化したところで自然に溶け込む行動を丁寧に行わないと違和感をばらまく行動となり、警戒され、受入れを拒まれます。

ベースラインの状態とベースラインの変化は、野生の生き物の反応から知ることができます。例えば、浜辺にいるカニは、人が近づくと危険を感じ取り、砂浜に作った穴の中にサッと入ってしまいます。カニが、ベースラインの変化を捉えたからです。穴の中に逃げ込んでしまったカニを少し離れたところで、息を殺して20分程度じっと待っていると、心が落ち着いてきて心地よい波の音や風の音が聞こえるようになります。すると、穴に入っていたカニが周囲を確認しながら、また外に出てきて、活動を始めます。

しかし出てきたカニを、もう一度つかもうと頭に思い浮かべたり、捕まえたりしようとすると、カニは驚いたように、また穴の中にサッと隠れてしまいます。捕まえようと動いた瞬間、カニに動きを察知されたからです。ゆっくりした動き出しが必要なのがわかります。カニが出てきたのは、崩れたベースラインが元のベースラインへ戻ったからです。崩れたベースラインも、20分程度で元のベースラインに戻ることがわかります。

気配を消すには、まず、その場所のベースラインに溶け込む必要があります。スカウトウォークによって周りの空気や音、匂いを乱さないように目的の場所へ移動します。到着後、ゆっくりした動作で姿勢を低くして20分以上じっと自然を楽しむように過ごします。この動作によって、ベースラインに溶け込むことができます。

心の中に湖面を思い浮かべ、
その湖面の揺らぎがなくな
るまで、心を落ち着かせる。

ベースラインに溶け込むと、鳴き止んでいた虫の音が少しずつ戻り始め、合唱状態になります。木の高いところへ移り、チッチッという短く鋭い感じで鳴いて警戒していた鳥も、下に降りてきて気持ちよさそうに鳴き始めると、元のベースラインに戻った合図です。ベースラインに溶け込むことができている状態、イコール、気配が消えている状態になります。ベースラインを崩さないように、動きはゆっくり小さくする必要があります。

自然界では非常に目立つ人間の行動

人間は、現代社会を生きていく中で、知らず知らずのうちに自然界に生きている動物としての目の使い方を大きく変えてきました。人は話す時、人の目を見て話します。行動する時も、行動の対象となるものに目の焦点を定めて行動します。

カニをつかもうと思っただけで、カニに動きを感じ取られたのはなぜでしょう。その答えは、捕まえるため見つめたことによって、カニに視線を感じ取られたからです。物の見方は、相手に焦点を合わせる「トンネルビジョン」と、全体をボーッと見て焦点を合わせない「ワイドアングル」とがあり、使い分けができないと、これだけでベースラインが崩れたと自然界の生き物は感じます。

動物が相手に焦点を合わせる時は、「戦う時」「求愛する時」「餌をとる時」だけです。目標へ目の焦点を合わせる「トンネルビジョン」を、現代社会を生きる私たちは当たり前のように行っていますが、自然界では特殊なアングルになります。動物たちは、目の焦点を合わさず、全体を見るような「ワイドアングル」が通常の状態だからです。

今の世の中、ワイドアングルは、武道を行う者以外、接することのないものになっています。武道では、焦点を1点に合わさず、全体を見る状態を「八方目」といいます。視野を広く保ち、状況を把握しやすくした状態です。ワイドアングルも、変化に対応して動くために使用するアングルです。

ワイドアングルで活動する動物から見れば、人間が通常使うトンネルビジョンを使って自然界を歩く状態は、常に獲物を狙い戦おうとしているように捉えられます。まるで、暗闇の中でサーチライトの光を発しながら、歩き回っている状態です。ベースラインに溶け込むために、まずやらなければならないことは、目をワイドアングルに切り替えることです。

このアングルについて理解が進むと、思い当たる場面が出てきます。警備や捜査をする人が、犯人らしき人を尾行する時、犯人の背中や後頭部へ視線を合わせながらあとをつけると、必ずといっていいほど振り向いて後ろを気にするといいます。また、女性は後ろからでも見つめられると、本能的に誰かに見られていることを察知する敏感なレーダーがあるといわれています。

このため、尾行をする時は、犯人の持っている荷物やカバンに視線を合わせるような対応をします。目には力があることがわかります。人間は自然からだんだん遠ざかり野性が薄れてきましたが、視線はまだ野生の面影を残しているようです。

私も、過去に刺すような視線を感じたことがありました。その日は天気もよく、溜まった洗濯物を一気に洗濯していました。ベランダに出て洗濯用ハンガーに迷彩シャツやタオルを干していると、突き刺すような視線を背中に感じました。視線が身体を貫通するような感じを受け、後ろを振り返ると誰もいません。演習で山の中に長く居過ぎて敏感になったか、気のせいかと思って洗濯物を干し始めると、再び焼けるような視線を感じます。

素早く振り向いても、やはり誰もいません。しかし、てっきり人間がいるかと思い、胸から顔の高さを見ていた視線を地面の方に落とした瞬間、羽を広げると1メートルを超えるほど大きなサギが、すぐ横にいることに気づきました。見つけた瞬間、思わず「オウ」と声を出したら、サギも少し羽を広げてびっくりしているのがわかりました。逃げるに逃げられなくて私を見つめていたようです。手で飛んで行っていいよという仕草をすると、了解という

ワイドアングルでは、視界
全体が感じられるよう、目の
力を抜いてリラックスする。

感じでバサッと翼を広げて飛んでいきました。

けもの道でも、刺すような視線を感じたことがあります。里山を歩いている時、小さくガサッと音がする方向を見ると狸がいて、刺すような視線でこちらを見ています。行っていいよというそぶりをしても、強い視線のまま動こうとしません。完全に戦闘態勢に入っています。よく見ると、脚が罠で挟まれていて逃げられないことがわかりました。このように、トンネルビジョンへ切り替わった野生動物の姿は、いろいろな場面で見ているのですが、ただこういうものかと漠然と思っていただけでした。

また、こんな経験をしたことがあります。タバコを吸っていたころ、弱点が生じて嫌な姿勢がひとつありました。それは、自動販売機でタバコを買って取り出す時、少ししゃがみ、周りに無防備な状態で背を向ける形になる時です。非常に嫌な瞬間です。

その姿勢である時、人が後ろを通っているのですが、その人の気配がかすかで、気配を消すことのできる訓練をしている人間が通っている感じを受けました。スカウトの訓練を経験しているか、普通の人間ではない非常に嫌な感じがして、思わず「何者なんだ」と、ぱっと振り向いてみましたが、それらしい人はいません。おかしいなと思っていると、やる気が抜け、人生に疲れているような若者が遠ざかっていきました。その人に自分は反応したのです。

その人は、オーラというか意欲がほとんど感じられないのが、無の波紋を作っていたのです。無気力の若者は、気配が小さいことを知りました。日ごろから、心の中の水面に映る月を意識していると、いろいろ気がつくようになります。

人間界でのベースライン

サバイバルインストラクターの拓さんですが、普段は訓練の時とは違う一面があります。拓さんは、日常生活に戻りスカウトのスイッチがオフになると、ボーッと周囲を見ることもなく普通の目の状態になり、人が変わったように早口になります。人懐っこく、話が大好きで笑いに包まれ、周りを楽しくさせる人物になります。S氏のチームと訓練を重ねていくうちに、私の家内や息子も一緒に参加する夕食会を開くようになりました。

夕食会が始まると同時に拓さんの独り舞台となり、会食が盛り上がります。拓さんの正面に座っている家内は、こんなに笑うのを見たことがないというほど、拓さんの話で笑っています。最初は口に手を添え上品に笑っていましたが、すぐ大笑いの状態になってしまいます。「奥様、私は先日大失敗をしてしまいました。ベースラインを教えている自分がベースラインを崩していたのです。やってしまいましたぁ」と始まりました。

拓さんは、家内にベースラインの説明を始めました。

「ベースラインとは、いつもそこの場所にある状態や雰囲気のことを指します。例えば、ふだんめったに人が来ない場所に人が入ってきたら、いつも人がいない状態から人がいる状態へ変化します。これをベースラインが乱れたといいます」

スカウト訓練で基礎となるベースラインについてパパッと説明し、本題に入りました。

「私は、感覚が鈍らないように、スカウトウォークを都内の公園で目立たない普通の服装で行います」

公園の外周道をボーッとして周囲全体を見るワイドアングルの状態でゆっくりスカウトウォークをしながら、公園内の情報を身体全体でキャッチしながら歩く練習をするというのです。いつも同じ時間に歩いているので、その時間に公園にいる人もだんだんわかってきます。

そんなある日、いつも決まった場所に座っているおばあさんが、真剣な顔をして近づいてきました。

「あなたをよくこの公園で見かけるけれど、いつもまったく生気がなく、まるで世を捨ててしまったように見えます」と声をかけられたというのです。

「あなたは人生に対する喜びもなく、生きる気力もなく、ただ歩いているだけの状態です。

大丈夫ですか、大丈夫ではないでしょう」

スカウトウォークの状態のままで聞いていた拓さんへ、おばあさんはさらに「あなたの目は焦点が定まらず、完全に死んでしまった目をしています。あなたは危ない状態なんですよ」と言い、拓さんの手を引っ張ります。

「私と一緒に来なさい。あなたに生きる気力が出るようにして差し上げます。心配しなくても大丈夫。私が何とかするから、ねっ」

親切なおばあさんだなと思っていると、

「私の所属する宗教団体に今すぐ行きましょう」

拓さんはそう言われた瞬間、風のようにその場から姿を消したことを話し、

「私は、公園でベースラインを崩さない訓練をしていましたが、人がたたずむ公園では、自然の中に溶け込む仕草は異常に見えるのがわかりました。大失敗です。それ以来、人がいない夜に歩くことにしました」と言うと、S氏が
「拓さん、今度は捕まるぞ」と言うのを聞いた家内は大爆笑です。

このような愉快なチームも、訓練になると、目つき、話し方から人柄も変わり、オーラも実戦モードに入ります。

column-❸

川口 拓氏との後日対談

気配をコントロールする

二見 気配を感じたり、消したりというコントロールはできると思うのですが、その際、こういうところに気をつけたらいいとか、コツのようなものがあればお話し頂けますか？

川口 気配を消すというのと、気配を感じるというのは、表裏一体のものなんです。古来の狩人たちは、動物の足跡などの痕跡を追っていく時、痕跡だけでなく痕跡を残した動物の気配を感じながら痕跡を追っていくのですが、野生動物は感覚が鋭いので、こちらの気配を消しながら、同時に気配を感じる必要がありました。

二見 足跡や糞などの痕跡を追いながら、その動物がどのようなことを感じながら行動したのかも感じ取るということでしょうか？

川口 その通りです。最初は、それを思い浮かべるのとは少し異なるようで、頭の中で思い浮かべるのではなく、感覚を使って想像力で思い、感じるらしいです。そして、きめ細かに感じようとすればするほど、自然と自分の気配も消えていくので、表裏一体というか同じになるのです。

二見　感じて思い浮かべるというのは、姿を思い浮かべるのでしょうか？　行動のイメージのようなものを思い浮かべるのでしょうか？

川口　人それぞれみたいですね。トレーニングとしては痕跡から、それがどんな動物で、いつそこを通って、どれくらいの大きさでなど、感覚から受け取ったデータを元に、想像力で作り出すという訓練をします。実際、訓練をしていくうちに、その痕跡から受け取る情報と自分が作り出す想像力とが、だんだん一致していくのです。おそらく、実際の狩りの時には、自分で情報を受け取って作り出していくことはもう完全に一体化していて、それが気配というものとして捉えられるか、イメージとしてポンと浮かんでくるかは人によって異なります。

不思議なもので、その痕跡の主との距離が近くなっていけばいくほど一体化していき、それまではその動物を客観的に想像していたのが、今度はそれがだんだん自分になっていく。そして自分になっていった時は、狩りが成功するサインだったようです。だから彼らは、その狩りが実際に成功する前に、狩りの成功を実感できるらしいです。

二見　最初は、日々の生活の中で、走ると地面を強く蹴るので、ひっくり返る小石が歩く時に比べて増えることや、時間が経つと足跡の輪郭が崩れるなどといったいろんな情報を蓄積することから始まる。次に、このような場面ならばこうだろうというイメージを作っていくようになる。そしてあるレベルから、自分がトラッキングの対象と同化し、なりきってしまうのですね。奥が深いですね。

川口　そうですね。そのため、ふだんの練習としては気配を感じる練習も然りなんですけれど、それと同時に感じた気配みたいなものをイメージ化するというか。エンビジョン(Envision：直訳では将来起こり得る良いことを心に思い描く、想像するという意）とトム・ブラウン・ジュニアさん（※1）は表現していましたが、感じたものをしっかりイメージ化して、さらにそれをストーリー化するというトレーニングを、ふだんからしておくということですね。

二見　そうすると、気配のコントロールというのは、そのような積み重ねによってできるようになるものであって、知識があればできるというものではないということでしょうか？

川口　そう思います。バッティングの仕方を学んだところで、ホームランを打てるようにはならないようなものかなと。やっぱり理屈だけではちょっと難しいのかな、と思います。なぜか勘違いされがちなんですけれど。

二見　若い人は、聞けばすぐできるようになるから、それだけやればいいと思いがちですよね。ところで、川口さんのカムフラージュやトラッキング、ストーキングの技術は、

気配をコントロールする

WILD AND NATIVE（※2）の講習で多くの人が体験でき、楽しめるものですが、その技術はひとつの曇りもない本物なので、ミリタリーの戦闘技術としても素晴らしい価値があると思います。

陸上自衛隊の斥候（※3）は、敵に見つからないように行動を秘匿して、敵の配置や陣地の状況を偵察します。スカウトの技術を戦闘技術として取り込むことによって、斥候は凄い能力を発揮できます。斥候の侵入を阻止するために配置されているのが歩哨なわけですが、歩哨の脇をすり抜ける時、斥候はとてもシビアな状態になります。この時、斥候の行動や心の持ち方に関するアドバイスはありますか？ D（本編192ページに登場）は、とにかく見つからないように、見つからないようにとだけ考えていると言っていましたが。

川口　技術的な部分も当然あると思うのですが、見つからないようにという風に考えると、どうしても自分本位というか孤立してしまうので、見つからないように、見つからないようにと強く思った場合、意外と気配が出ているんですよね。S氏もよく言いますが、周りの環境を信用すること。草とか石とか木とかいろいろありますが、それらに溶け込む自分の力が凄いのではなくて、周りの自然環境そのものが自分を溶け込ませてくれる力が凄く強いという風に思って、逆にそっちを信用して動くと、何か気配が消えるという感じがします。

二見　そうですよね。見つからないように、見つからないようにと考えると、それで心の中が乱れますよね。そうするとベースラインも崩れていますよね。

川口　そうですね。難しいですが、結果としてそうなりますよね。言うは易しですが、そこが神髄かと思います。

※1　川口氏が学んだアメリカのトラッカースクール講師。サバイバルやトラッキング、アウェアネスの技術を世界中から集まってくる生徒たちに教え続けている。『グランドファーザー』『ヴィジョン』『トラッカー』（いずれも徳間書店）など著書も多数邦訳されている。

※2　川口氏が主宰するネイチャー&サバイバルスクール。詳細はhttps://wildandnative.com/

※3　斥候は、警戒している敵の歩哨をすり抜け、敵陣内に潜入することにより、敵の指揮所、弾薬集積所、通信施設、補給物資集積所の情報を収集する。その位置のデータを火力戦闘部隊へ送信することにより、10分程度で砲迫火力や精密誘導弾を指向することができ、少人数の斥候でも敵に戦闘の継続が困難なほどの損害を与えることができる。

第6章

スカウトの技術で部隊の安全を確保する

今のコンディションを知る

行動する時に必要となる情報は、地形・気象に関する情報、敵に関する情報と、自分の状態・味方に関する情報です。この情報を総合的に判断して、どのように行動するか決定します。レベルが高い部隊になればなるほど、「今のコンディション」を確認して最良の行動方針を選択します。

敵を倒すのに、今のチームの戦力で可能なのか。どのような損害が発生する可能性があるのか。仲間の応援を待って行動する余裕があるのかどうか。自分の体力の消耗状況、残弾数、怪我の状況、味方の航空支援の状況など、コンディションに関わる内容は多く存在します。その中で今現在、何が焦点になるのかを明らかにしなければ、厳しい状況を切り抜け、任務を完遂することはできません。

「今のコンディション」を知ること、認識を統一することは、非常に重要となります。ベースラインに溶け込み、気配をコントロールしながら行動するスカウトは、その場所、時間、天候の状況を鋭く感じ取る必要があります。また、隊員一人一人が、今置かれているコンディション（状況）を正確につかみ取り、刻々と変化するコンディションを感じ取り、自己を制御しながら行動することによって、不測事態発生の可能性が低くなります。そして、状況を上手くコントロールしながら行動できるようになります。

集中力と我慢強さ

歯を食いしばって身体に力を入れて身構えるような状態では、長い時間その状態を維持することはできません。気配を消して静かに行動するためには、常に集中力を切らさず、基礎動作を丁寧に繰り返さなければなりません。

例えば、集中力を維持することができるのがその人にとって4時間であれば、4時間を過ぎると集中力が切れ、兆候を露呈させてしまったり、重要な兆候を見逃してしまったりします。自分の能力を正確につかんでおくことが重要なのです。4時間を過ぎる前に休息をとるか、仲間がいれば、交代することができます。正しいことを仲間にも伝えなければ、チーム全体が危険な状況に陥る可能性が高くなります。

自己の能力を正確につかむことができると、自分の能力、体力、射撃技術などその範囲内で作戦や行動を計画できるようになります。実力以上のことや無理な行動をとらなくなると、「無謀な行動」「不注意による怪我」や「事故」がなくなります。危険な行動や状況は、準備が悪かったり、不安定な状態を改善していないため発生します。常に不安定な状況を作らないように用心深く行動するようになると、事故は自然となくなります。

危険な戦場で生き残るレベルを追及しているスカウト訓練を行っていれば、当然、通常の生活や訓練において事故は起こらなくなります。

発見されなければ撃たれない

スカウト訓練が進み40連隊全員が訓練をするようになった時、S氏とスカウトの戦闘技術をどのように活用するかについて、話したことがあります。

「カムフラージュ」「ストーキング」「トラッキング」「サバイバル」などのスカウト技術を駆使することによって、敵に発見されず、敵を発見することができるようになれば、厳しい状況においても生き残り、任務達成が可能になること。このようなスカウト技術を40連隊の隊員全員がある程度のレベルで保有することができれば、戦闘の多くの場面において損耗を回避できること。さらに、S氏と同様なスカウト技術を有する隊員が、ネイティブアメリカンの兵士のように部隊行動の安全を確保することができれば、損耗を局限化できることです。

私がそう言うと、話を聞いたS氏は、

「連隊長の考えていることを進めてください。隊員が喜ぶと思います」
あまり笑わない顔をほころばせ、次は、通常の兵士に加え、スナイパーに見つからず行動するための訓練に移行しましょうと言いました。

次の段階へステップアップした訓練は、山田訓練場において、昼夜間連続で行われました。スカウト訓練の初めのころにS氏はこう強調しました。

「敵からどのように見えているか、常に敵の存在を意識して行動することが必要です。そして、やらなければならない基礎的な行動は、いついかなる時も必ず行ってください」

疲れていても、寝不足であっても、急いでいても必ずこの基礎動作の確認が徹底され、本題に入りました。

300～400メートル離れたところに林の途切れた林縁を前にして、S氏は「見つからなければ、やられない」ことを強調し話を続けます。見つからなければ、砲爆撃も受けず、射撃されることもないからです。S氏は、ある戦闘場面を例にして話し始めました。

部隊が任務を終了し、夜間離脱をしていたところ、投光機を付けた車両と機関銃を搭載した車両に追尾される状況になりました。離脱は、敵との間合いが近く、敵の反応も迅速で非常に危険な状況下で行われました。敵は、投光機の照射と車載機関銃の射撃を連携して行い、怪しいところを逐次射撃していきます。敵の追尾の速さと車載機関銃の射撃によって、味方は部隊行動がとれずバラバラの状態になっていました。

足を負傷しパラシュートコードで止血していた兵士は、逃げる速度が遅いため、あと少しで敵に追い詰められる状態でした。車両との距離は、どんどん近くなってきます。足を負傷して逃げ切れそうもないと判断し、静かにその場に伏せて気配を消すことにしました。

静かに身体を低くしている最中に、120メートルほど離れた土手を駆け上り逃げていく味方が、投光機で照射された瞬間、車載機関銃で倒される姿が目に入りました。この時、伏せた場所と敵の車両との距離は、10メートル程度でした。

その兵士は、前進する敵の車両の音が小さくなるまで、止血を行いながら、闇の中に身を潜めた後、離脱を開始し、多くの仲間が負傷した状況でも、無事に集合地点へ戻ることができました。

「敵に見つからなければ、撃たれないのです」とS氏はさらに強調しながら話を続けます。

敵の投光機に何回も照射されてはいましたが、10メートルの位置でも敵に見つからなければ撃たれることはなく、120メートル離れていても敵に見つかれば射撃され、やられる現実があること。敵との距離が近いか、遠いかよりも、存在を認識されるかどうかが重要になると話します。人間は動くものに敏感に反応するとともに、人間のシルエットを一瞬でも見たら、脳は人として認識します。

敵に見つからないためには、ゆっくりした動作で動き、まるでそこに静止している物に見えるように行動すること、常に後ろの暗い背景の中に溶け込み、シルエットをぼやかすことが重要となります。立っていると明確な人型のシルエットになるため、地面に手をついて4足の動物の姿勢になります。4足の動物のように動くと、人間の脳は野生動物であると認識してしまうからです。伏せて周囲の地形に溶け込む際は、スカウトスーツは絶大な効果を発揮します。

話を山田訓練場に戻します。S氏は、300〜400メートル離れた林縁を見ながら、色の濃いところと明るいところがあるのがわかるか、隊員へ確認します。隊員がうなずくと、明るいところは、太陽の光を遮るものがなく、茂みの部分には、くぼんでいるところがない場所であること。色の濃いところは、木の陰になっていたり、茂みがくぼんでいる場所であり、スナイパーは、その暗い茂みの中に射撃位置を取ること。主射撃位置から少し離れたところに予備の射撃位置を設定し、射撃位置へは後方からほふくをして配置につくことを説明しました。したがって、暗い茂みの部分は、要注意の場所となります。

「今皆さんのいる場所が、スナイパーから見て明るい場所であるなら、必ず狙撃されます。皆さんの背景はどうなっていますか」

とS氏から言われ、一同ハッとして後ろを振り向きます。

「まずい」という声が聞こえてきます。

一人の隊員がスッと手を上げ、

「敵の見る位置で、背景に溶け込むかどうか変わりませんか」と質問しました。

S氏は、つぼにはまった状況や質問には、訓練時間に関係なく、どんどん深く細部の部分まで掘り下げていきます。どうもこの質問も、つぼにはまったようでした。

隊員の見る場所を変えながら、A地点では背景に溶け込むが、B、C地点の時はかえって目立ってしまう。では、D、E地点はどうかと、細かい注意点を加えながら、何度も確認させます。

「常に敵の位置を意識していないと、背景に溶け込んでいない状態で行動していることになります。この訓練をできるだけ多くやってください。地味な内容の繰り返しですが、見つからなくなります」

S氏から次々と具体的な話が出て、内容が濃くなっていきます。

スナイパーは、奥の陰になっているようなところに潜む。

「ここから先は30センチメートルでも出たら駄目という感覚をつかむまで、スカウト訓練と連動させて続けてください」と締めくくりました。

室内でCQB（近接戦闘）の訓練をする時、10センチメートル出れば確実に撃ち込まれる、射線と似ているところがあります。CQBと異なるところは、CQBは狭い範囲ですが、スカウトではフィールド内に「出れば敵に発見される線」が広範囲に引かれるところです。林縁や土手に引かれている、出れば発見される線の感覚を、常に敵を意識しながら、身体が覚えるまで訓練を行う必要があります。この線は、敵の場所が変化すれば、当然変わります。

スカウトのベースラインと組み合わせることによって、さらに精度が高くなります。この訓練は、自転車に乗る練習に似ています。自転車に乗る練習をいくら頑張っても、乗れない状態で止めてしまったら、結局自転車にはいつまでたっても乗れないのと同じで、線がわかるまで訓練をしなければ、線の感覚は身に付かないからです。

スナイパーの存在を感じた場合、その場所は迂回をする必要があるとS氏は言います。スナイパーが存在する限り、狙撃地域に侵入した者は倒されます。さらに、意志を持って自由に動き回り、先回りをしながら狙撃ポイントを設定するので、見えない地雷原が自分たちの前に自由自在に構成される怖さがあります。スナイパーは、移動型地雷原とも言えるのです。

もし、スナイパーのいる場所を通過しなければならないならば、スナイパーを倒すための数名のスカウトチームを編成し、スナイパーのいる場所を迂回し、後方からトラッキングとストーキングにより、処理する方法をとります。

とはいえ、もっとも安全に部隊を進ませることができるのは、スナイパーのいる場所を迂回し、避けることです。しかし、いつも迂回できるとは限らないため、いろいろな対処の引き出しを持っていれば、多くの局面を乗り越えることができます。

スナイパーは、敵の狙撃が主任務のように捉えられがちですが、行動のほとんどは監視と情報収集活動となります。継続的な監視・情報収集を行うためには、その場から動くことはできません。双眼鏡やスコープを常時使用していると目が疲労してしまいます。そのため、裸眼で敵の動きを確認した場合や定期的に状況を確認する時のみに、双眼鏡やスコープの使用を限定します。

スナイパーとペアを組む観測者がいると監視を交代できるため、体力の消耗を軽減できます。食事やトイレ、休憩の場合は、射撃位置から後方の待機位置へ下がる動きをします。スナイパーの位置の確認は、スナイパーの後方に回り込み、トラッキングとストーキングによって特定するか、スナイパーの小さな動きをつかみ取り特定します。双眼鏡やスコープを使用すると、意識していないと光が反射して「キラッ」と一瞬光ります。

半日から数日間、監視を続けていると必ず動きが出てきます。その動きは、狙撃位置の変更や、気が緩み敵を意識しない行動をとった時です。そして、その動きが兆候となり、スナイパーの存在を示し、位置を確定できます。スナイパーの位置が把握できれば、トラッキングとストーキングで倒すことができます。または、スナイパーのいる場所へ砲迫射撃を要求し、曲射火力によって安全を確保する方法があります。一瞬の油断が生死に関わる兆候を残してしまうことになるのです。S氏が、『新隊員必携』の内容をいついかなる時も行う必要があると言っていたことを思い出します。

スカウトの能力を保有するスカウトスナイパーのレベルになると、さらに兆候の確認は難しくなり、「いつまで動かないで我慢できるのかの勝負」になります。スカウトスナイパーか、正規軍の通常のスナイパーか、判定にかなりの時間がかかるため、スナイパーの存在を感じ取った場所では、S氏が説明したように、その場所を迂回することが、時間の有効活用、安全確保の面で適切と言えます。

40連隊でスカウト訓練を進めていると、陸士・陸曹の意識が急激に変化していきました。敵に発見されず、敵を発見する行動は、いついかなる時も『新隊員必携』にある内容を最低でも行う必要性を理解し、実践するようになりました。そして、常にベースラインを意識し、ベースラインに溶け込む行動をとり、各隊員が感じ取ったベースラインやベースラインの変化に応じた行動を用心深く行うことが身に付いてきたのです。

座学でのスカウトの理論と実際の訓練を積み重ねることによって、能力的に無謀な行動をとらなくなり、能力に応じ最善の方法を隊員自身が考え、判断し、行動するようになってきたのです。

間違った視点を持っていると敵を発見できない

「敵の斥候を発見せよ」「戦車の行動を制約する対戦車誘導ミサイルを発見せよ」「砲兵部隊を発見せよ」と命令を受けた場合、通常、偵察や監視によって示された任務を達成します。例えば、「戦車の行動を制約する対戦車誘導ミサイルを発見せよ」と命じられた場合、対戦車ミサイルの使用に適した地形を地図上で予測し、現地で対戦車ミサイル発射機のシルエットをイメージして双眼鏡で確認します。

地形上配置が予想される場所を双眼鏡で確認しても、対戦車ミサイルが発見できない場合、「対戦車ミサイル発見できず」と報告をします。この報告によって、茂みに隠れ前進準備を

対戦車誘導弾の実弾射撃訓練。実戦では偽装され発見されにくい場所に配置する。（画像：陸上自衛隊HPより引用）

していた戦車に対して「前へ」の指示が出ます。

ところが、戦車が前進して5分程度で、敵対戦車ミサイルによる攻撃を受け、戦車が大破した報告が入ります。富士トレーニングセンターでの訓練でよく見られる光景です。訓練後の振り返りを行う研究会、「アフター・アクション・レビュー」では、対戦車ミサイルを撃破できないで戦車を推進したのが敗因だったと反省します。しかし、何を探せば対戦車ミサイルが見つかるかが明確になっておらず、解決策も話し合われないまま、アフター・アクション・レビューは終了してしまいます。これでは、次につながりません。

敵からどのように見えるかを意識するようになると、反対に、どのようなところを見れば敵を発見することができるか、わかるようになります。どのような状態になっているか、何をどこで探すべきか、そういった視点が養われるからです。対戦車ミサイルの発射機のシルエットを探していたことが間違いであることはすぐにわかります。では、何を探せばいいのでしょうか。

対戦車ミサイル部隊は、車両によって移動し、弾薬はトレーラーや弾薬車両に積載しています。対戦車ミサイルの発射機は、敵から見えない場所や敵から見えない台の後方に配置されます。そのため、前方から双眼鏡で見ても対戦車ミサイルの発射機は発見できません。対戦車ミサイル部隊は、ミリ波などの照射機があり、照射後対戦車ミサイルを発射するため、台上に照射機を展開している可能性があります。さらに分隊長は、目標確認と射撃指揮を行うため、継続的ではありませんが、台上で敵の戦車を監視しています。

分隊長は、頭と肩の線をなくし人間のシルエットをぼやかした巧妙な偽装をほどこすか、ギリースーツを着用していて、見つけることがかなり難しい状態です。照射機と操作をする隊員も巧妙に偽装をしているため、発見が難しいことが予想できます。そこで、台上の分隊長を見つけるのではなく、「分隊長が監視で使用する双眼鏡の光の反射」を探します。

分隊長は、台上から双眼鏡を左右に動かしながら監視地域を確認するため、双眼鏡が一瞬、光を反射する時に位置が暴露します。分隊長の位置がわかれば、照射機の位置も分隊長の指示が聞こえる場所に展開しているため、おおよその位置が把握できます。

対戦車ミサイル発射機は、分隊長の後方の凹地に展開されていることがわかります。分隊長、照射機、対戦車ミサイル発射機の展開予想地域を、砲迫火力によってカバーできるように射撃すれば、撃破が可能となります。

または、斥候が敵の対戦車ミサイルの展開している台の奥へ侵入できた場合、車両のわだち（タイヤの跡）を探し、わだちを追いかけていくと、車両とトレーラーが見つかります。

対戦車ミサイル部隊かどうかは、敵がその場所にどのような部隊を展開するか考察することによって、判定することができます。

敵を探す時、視点が間違っていると、いくら偵察しても、視界に入っていても認識することができません。隠れている敵の隊員も、頭と肩の線をぼやかし、人間のシルエットには見えないのが常態なのです。人や機材がどのような状態、場所に存在しているのか、正しい視点を持つことが必要となります。

実戦とのギャップがない訓練

通常の訓練では、指示されたこと、命じられたことを実行しても、実際に死ぬことはありません。訓練と実戦では、死と直面する緊迫感が違うため、どうしても訓練では行動や詰めが緩くなってしまうものです。指揮官や訓練を企画する幹部は、このギャップを埋め、実戦の中で行動するような訓練環境をいかに作るか、頭を痛めます。

しかし、スカウト訓練は最初から、実戦の場でいかに行動するか、ということからスタートしているため、ギャップが存在しません。さらに、スカウト訓練によって、意識が変わり、行動が変わり始めると、隊員は自ら考え、判断し、修正を行いながら行動するようになります。戦闘で遭遇する状況をイメージし、実戦で生き残るため、さらなる不安定状態の安定化を厳しく行うようになります。

スカウト訓練を行ってきた隊員の行動基準は、生死に関わらない訓練の場においても、「実戦において通用するかどうか」にあるため、詰めの甘さや緩みはありません。いかにすれば、生き残って任務を達成できるかを、常に考えているからです。

実際、こんなエピソードがありました。敵砲兵の頭脳である火力戦闘指揮所を捜索する偵察訓練を気づかれないように視察していると、ほふく状態で前進している隊員は、泥水の溜まったぬかるみをストーキングで通過する経路に選定しました。

当然、泥だらけになり水浸しになってしまいます。そのぬかるみの中で身体を2回転させ、戦闘服に塗り込んだ泥が乾き始めていた状態を改善させ、泥をすくい取って顔に分厚く塗り込み、後ろに続く隊員へ同じことをするように指示を出していました。訓練状況終了後、ぬかるみを進んだチームと話をすると、部隊の先頭を進み情報を収集し、安全を確保する「ポイントマン」（先導兵）は陸士でした。

なぜ、ぬかるみを経路として選択したのか聞くと、

「可能な限り低い姿勢で前進できる経路をポイントマンとして選びました。スカウトスーツ

が乾き始め光ってきたようなので、濡らすこともできます」と答えてくれました。

2等陸曹の班長が、

「凄くいい泥なのでここで顔のペイントを直すといいと彼が言うんです」と付け加えました。

「ホント、班長、あの泥最高だったでしょう」と陸士が言います。

「いいものを見せてもらったよ。ありがとう」とメンバーに言ってその場を離れました。

任務に適合する編成と装備の必要性

連隊の中でも、ストーキング、トラッキング、サバイバルに長けた情報小隊から、任務に応じ編成・装備の変更許可を求められていると、本部管理中隊長から報告がありました。敵に発見されないように行動する隠密偵察任務、敵の斥候を仕留める任務、目標情報を収集し火力を要求する任務などを行うに当たって、情報小隊が考える一番任務に適した編成と装備で行動していいかということです。

情報収集と通信を主体とした編成と装備にすれば、音も出ず敵に発見されることなく、体力の消耗を減らし、行動範囲も広げることができると考えたからです。ナイフと無線機があれば、隠密任務を確実に達成できるという極端な隊員もいました。銃剣を付けなくていいか、装具も軽量にしてもいいかということです。実戦になったら敵中で行動する隊員が真剣に考えたアイデアです。

ガンハンドリング・インストラクターのナガタ・イチロー氏と訓練を行っていた時も、装備の性能の良否で大きな差が出ること、必要な編成・装備によって任務を遂行する柔軟性が必要であることを指摘されました。S氏に確認してみると、スカウトでは、奥深く入り偵察するメンバー、火力支援を行うメンバー、バックアップメンバーに区分し、それぞれ役割に応じた装備を持つと話してくれました。

当時、陸上自衛隊は、与えられた装備で行動するのが当たり前の状態で、自由に個人装備を変更できる環境ではありませんでした。任務に応じた編成・装備にすることの必要性について賛成であることを伝えました。「情報小隊は、偵察拠点占領後、偵察に必要な編成と装備に切り換え、行動することができる」ことを情報小隊へ示しました。

S氏にこの話をすると、「小隊は喜ぶでしょう」と言ってくれました。任務に応じた編成・装備を柔軟に運用できる態勢を進めることは、これからの陸上自衛隊で進めていく重要事項だと思います。

ナガタ・イチロー氏の訓練風景。

column-❹

川口 拓氏との後日対談

スカウトチームと40連隊の出会い

二見　川口さんは、S氏とはどこで知り合ったのでしょうか？

川口　スクール（WILD AND NATIVE）を始めて5年目くらいだったと思います。それまでは自然派の人というか、柔らかい感じの方がよくいらしていたんですが、急に何か毛色の違う5人の男性がいらっしゃったんですね。その方々が初期のスカウト・インストラクターたちでした。その後、何回か来てくださったのですが、当時は5人来てくださるというのは、僕には凄くありがたくて。今では本当にお恥ずかしい話ですけれど、車検の更新時期がきていたのですが、もう車検を通すお金がなく、車を諦めるしかないかなと思っていたころでした。その時に5人いらっしゃって、これで車検を通せますと言ったのを凄くよく覚えています。

そんなことがあってしばらくした後に、5人のうちの一人のI氏から電話がありまして、ちょっと会ってほしい人（S氏）がいると。それで銀座のレストランに行きました。その方はちょっと特殊な仕事をしていて、その技術を自衛隊の方々と一緒にさらに追求していくという話の後、「一緒にやってもらえませんか」と言われました。自分（S氏）は感覚で学んできたから説明の仕方がわからない、その点、僕（川口）は逆に説明は多少口がたつので、助力してほしいということでした。

ただ、今でこそS氏がどういう方かわかりましたし、凄く腰の低い方なんですけれど、当時はまだ顔の傷が凄く目立つし、見てくれも怖かったんです。ですから「一緒にやってもらえませんか」と言われた時は、自衛隊というので恐怖感もありましたし、S氏の凄みもあって返事を迷いました。そうしたら、その時テーブルにスプーンとフォークとナイフがあったんですが、S氏がナイフを拾い上げて、「実は自分はナイフ・ファイティング（ナイフを使った格闘術）も専門にしていて…」と言って、ナイフを振り始めたんです。それを見て、これはもしかして脅迫されているのかな、と。そして、やらせていただきます、という風になってしまいました（笑）。その後の帰りの電車で、本当にもう自分の人生終わりだな、何か怖い人に捕まっちゃったなって、凄く暗い気持ちで帰ったのを覚えていますね。

二見　何か人生の「切り札」が切られた感じですよね。

川口　そうですね。最初は本当に緊張の連続でした。トラッカースクールを経験したということで、もしかしたら屈強の人に思われてしまったのではないか、何か急にスパーリングとか申し込まれたらどうしようかなとか、いろいろ不安に思いながら過ごしていたのを覚えています。

二見　自衛隊に教えに行ったのは、それからですか？　40連隊以外にも行かれたのでしょうか？　それとも40連隊に直においでになったのでしょうか？

川口　初めは、初期のスカウト・インストラクターの方々に、こんなことを学んできましたという形で技術を披露しました。このころに最初のベース作りみたいなものが同時に出来上がったのだと思います。その後に40連隊に呼んでいただいた形でした。

二見　当時、現役自衛官のH君から、とんでもない人たちが教えにきたいという話を聞いて。ちょうどナガタ・イチローさん（※）の訓練も一段落していて、新たな戦法を開発するため、性能の高い偵察要員が欲しかった時期でした。あと、馬鹿みたいに、私はここにいます、撃ってくださいというような行動をとる隊員がたくさんいたので、それを何とか直したいと思っていたところに、おいでになった。最初に訓練をしていただいた際に、休憩時間になると皆さんが集まって、「この次はどうしよう」といつも話していましたよね。それはまだプロトタイプだったからということですよね。

川口　そうですね。僕としては、トラッカースクールで重視されていた感覚瞑想などが、一般の人から見ると凄く怪しいものと感じるのではと思っていました。技術を一緒に共有しにお邪魔しているという中で、感覚瞑想やアウェアネス（気づき）などの部分が望まれているのかどうか、凄く不安に思っていた記憶があります。ただ、神髄はそちらの方にあるので、それを出すべきなのか葛藤がありましたね。

二見　『プレデター』という映画（PREDATOR、1987年公開のアーノルド・シュワルツェネッガー出演のSFアクション映画）で、特殊部隊の中にネイティブアメリカンの隊員がいて、〝見えないが何かがここにいる〟と言うシーンがあり、隊員もみんな見ていたんです。それと同じ、気配がわかる能力が身に付くと聞いた瞬間、40連隊の隊員は飛びついたんですよね。ただ、アウェアネスやベースライン、トラッキングなど、まったく聞いたこともない単語が出てきて、隊員は頭がぐちゃぐちゃになってしまいましたが。

川口　最初に皆さんの前に立たせていただいた際にビックリしたのは、とにかく目つきが鋭くて。おそらく真剣だからなんでしょうけれど、僕はビビリだったので、『なんぼのもんだお前は』という目つきなんだろうなと思って、それが声に出ないようにするのに必死でした。

二見　隊員がその目になるのは、いくら聞いても理解できない単語が出てきて、ちょっとわかってくるとまたわからない単語がいっぱい出てきて、鳥がチチッって鳴いて高いところに上ったなどの話を聞いても、それはわかるんだけど、一体それは何に役に立つのかがつながらないから。ノートをいくら取ってもその意味がわからなくて、講義が終わった後に皆で話し合って、これは一体何だったんだろうと話し合いながら、次の日も訓練に行くという感じで、真剣そのものでしたね。

川口　そうだったんですね。当時はちょっとそこまで周りを読む余裕はありませんでした。ただ、ひとつ僕が鮮明に覚えているのは、アウェアネスのお話をさせていただいて、感覚瞑想っていう感覚の鍛え方があるんです、と言った時に、皆さんがキョトンとされていたので説明を深くせずに流したら、二見さんが話をさえぎって「感覚瞑想のやり方について少し説明してください」とおっしゃられたことです。

二見　アッ！そうでした。隊員の目が点になったまま固まってしまった時ですね。

川口　それでもう全部出そう、ではないですけれども、それまではアウェアネスとかそういう内面的な部分をなるべく出さないようにしていてギクシャクしていたけれど、もう出すしかないなぁみたいな感じになって、その後は少しやりやすくなった感覚はありました。

二見　ずっと、わからない話を訓練手帳に書いていきながら、まとめていたんです。そして、いろいろな断片の話が少しずつわかってきて、それが全体ともつながり始めた時期だったので、少し深めの話を川口さんにしていただいたと記憶しています。ある時期から今までのことがつながって皆の理解が進み、自分の中へ落とし込めるようになったんですね。あのころは、訓練なのに座学がいくら続いても足りない感じでした。

川口　そうなんですか。面白いですね。

川口 拓氏との後日対談　スカウトチームと40連隊の出会い

二見　それまでは大変でした。

川口　そういう意味では、40連隊の内部にD君（本編192ページに登場）がいたのは大きいですね。

二見　彼は情報小隊で斥候だったのですが、射撃や格闘はそんなに得意ではないんですよ。優しいんです。

川口　確かに優しいですね。

二見　しかし、ストーキングやトラッキングになると、抜群の能力を発揮しました。彼は本当に忍び込んで見つけてくるのが得意でした。それまではあまり特徴のない陸曹だったのですが、あの時からとんでもない能力を発揮し始めたんです。

川口　そういう感じだったんですか。あと何よりもスカウトが好きでしたよね。ストーキングにしてもサバイバル技術にしても、好きなんだなぁD君、って思っていました。

二見　S氏を見ていると、Dをとってもかわいがっているんですよね。

川口　確かにかわいがられるタイプですよね、マスコット的な（笑）。

（※）スカウトチームと同じく、40連隊に招かれた民間のインストラクター。主にCQB（近接戦闘）やガンハンドリング（銃の扱い方）についての訓練を行った。その詳細を綴った『自衛隊最強の部隊へ―CQB、ガンハンドリング編』は2019年3月刊行予定。

第7章

40連隊の見えない戦士たち

40連隊を代表する見えない戦士

あるときS氏から、40連隊にはスカウトの素質の高い隊員がいると言われました。

「誰ですか」と聞くと、

「情報小隊の斥候要員のDです。彼は、マーシャルアーツやCQBは普通のレベルですが、『トラッキング』と『ストーキング』分野では、もしかしたら自分よりも能力が高いのではないかと思います。彼のスカウトセンスはかなりのものです。なかなかいません」と言います。

普通科連隊には情報小隊があります。情報小隊は、敵の活動地域に潜入して、連隊の作戦行動に必要な敵や地形の情報を偵察する最精鋭部隊です。連隊でもトップレベルの体力、我慢強さ、強い精神力と高い戦闘技術を持っています。その中でもDは、夜間、敵の歩哨の脇5メートルの位置を見つからずにすり抜けることができ、敵の正確な位置を把握して砲迫火力を誘導して敵を倒すこと、敵の足跡を追っていくことを得意としています。

Dをスカウト・インストラクターとしてS氏のレベルまで到達させるのには、どのようにすればいいかと聞くと、S氏は、マーシャルアーツとCQBを除けば、自分と1ヵ月間、山に入って行動すれば、自分と同じレベルに到達できるという答えが返ってきました。1ヵ月間は現実的に難しいので、40連隊にS氏が訪れるたびに、課業外特別訓練を行うことによりレベル上げを頼みました。

S氏と拓さんと出会ってから、スカウトの世界へのめり込んでいるDは大喜びです。最近のDは、日常生活でもワイドアングルの訓練をしているせいか、存在自体が薄くなり、何となく透けているような感じがします。周囲への同化を常に心がけているためか、気配もかなり小さくなっているのがわかります。

Dは、足跡の風化の状況、実際に動いた時にできる痕跡の状況を時間の経過ごとに記録し、感覚ではなく、積み上げたデータに基づいてスカウト訓練を作り上げていける男です。まだ、陸曹になりたてですが、スカウト訓練を理論と実戦の両面で行うことができます。日々、スカウトの能力が向上しているDへ、連隊の隊員で「40連隊スカウト・インストラクター」要員候補を選抜することを頼みました。

Dは、これまでのスカウト訓練を通じ、大体スカウト・インストラクター要員候補はわかっているが、選抜のためにもう一度各中隊全体の確認をするので、1週間かかると言いました。連隊の教育・訓練・作戦を担当する3科長が、各中隊にDへ全面協力するように指示を出して、Dの行動をバックアップします。週の中ごろ、3科長の報告によると、Dは精力的に中隊を動き回りながら選抜を行い、要員選抜はスムーズに進んでいるとのことでした。

あっという間に約束の1週間が過ぎました。昼休みが終了すると同時に、副官が連隊長室に入ってきて、「午後からDが選抜した隊員を連隊長に報告後、その足で山田訓練場へ1ヵ月スカウト訓練でこもります」と報告を受けたので、すぐに連隊本部前の営庭へ向かいました。

まぁ、30名程度は選抜されたのではないかと思っていると、横一列に並んでいる隊員は、Dを入れて十数名しかいません。山田訓練場へ行くための準備をしていると思い、全部で何人か確認すると、ここにいるメンバーがすべてですとDが言います。思った以上に選抜人数が少ないのに驚きましたが、選抜したメンバーを見て、今までのスカウト訓練で目立っていた隊員ではなく、あまり見かけないメンバーばかりなのにも驚きです。

皆、運動で絞った細身の身体で、精悍な顔つきをしています。気合の入ったDは、厳しい選抜基準のもと、連隊中の隊員を丁寧に確認して選抜したことがわかりました。

「凄いメンバーが揃ったな」と言うと、

「現在の40連隊で、真のスカウト・インストラクターになれる可能性のある隊員は、このメンバーだけです」と答えます。

Dは、ある程度のレベルの隊員は結構いるが、スカウト・インストラクターになるには、素質が必要であると言います。この素質は天性のものであり、素質がないとスカウト・インストラクターに必要な「カムフラージュ」「ストーキング」「トラッキング」「サバイバル」「マーシャルアーツ」の各レベルを突き破ることはできません。

一定のレベルを各項目すべてクリアした隊員が、スカウト・インストラクターであり、各項目すべてをクリアした隊員の中でも、「ストーキング」がさらに突出している隊員が「ストーキング」のスペシャリストになります。「ストーキング」だけが突出していても、他の項目が合格レベルにない隊員は、スカウト・インストラクターでもなく、スペシャリストでもありません。Dの説明は以上の内容でした。

当時、Dは3曹でした。この説明を聞き、私は40連隊のスカウト訓練を、若いDにかけることにしました。

報告後、Dと選抜隊員は、1ヵ月のスカウト基礎訓練に出発していきました。どんな訓練をDが行うか楽しみです。3科長へDの作成した訓練内容を持ってくるように言うと、彼は訓練計画を私へ渡しにくそうにしています。構わないからと言って受け取ったDの訓練計画を見た瞬間、

「とんでもない化け物集団ができるぞ！」と思わず口から出てしまいました。

訓練計画は極めてシンプルで、「空間瞑想」「ベースライン」「気配の感じ方、消し方」「ナイフ一本によるサバイバル訓練」だけを24時間継続して行う内容でした。「空間瞑想」とは、S氏と拓さんが話していた「自然の中で石の上に座っているだけで楽しい」とほぼ同じ内容です。

1ヵ月間、「自然を感じ、自然を知り、自然を楽しむ」感覚を作る内容です。他の時間は、スカウト訓練の基礎となる「ベースライン」、ナイフを使ったサバイバル訓練とトラッキング用の足跡の変化の確認です。サバイバル訓練では、ツルや枝、木の葉を使用した潜在拠点の作成、火おこし、食べ物の採集、調理を行います。トラッキング訓練では、足跡や痕跡が時間とともにどのように変化するか、記録を取ります。

空間瞑想を重視し、ベースラインを感じ取るための訓練内容は、大きな基礎ができ、大きくスカウト技術が伸びていくことがわかります。私は、良いところだけを取り入れ、インスタント的に作り上げるのではなく、最初は成果は出にくいが、根本から作ろうとするDの本気度と、実戦に通用する本格的な訓練内容を高く評価しました。そして、彼を深く信頼しました。

3科長から、訓練期間を延長したい申出がDからあると伝えられ、1週間延長を許可しました。通常、訓練の枠組みの途中変更は、変化事項の発生や明確な理由がなければ行いません。簡単なルールですが、事故を防止するのに有効なルールです。思いつきで訓練内容を変更した場合、変更した部分の準備と安全確認が不十分になり、訓練事故発生の確率が高くなるからです。

しかし申出を許可したのは、常に冷静で、用心深く、難しい訓練を経験してきたDからの訓練延長申請は、何か高い必要性があるからだと判断したからです。Dと約束した1ヵ月以上の訓練が終了するまで、40連隊は、スカウト訓練を連隊全体で進めるため、次の準備を行いました。

●異動者、新隊員からスカウト・インストラクター要員を選抜すること。現在の隊員の中では十数名の要員しか選抜できなかったため、他部隊からの異動者からの選抜と連隊で多くの新隊員の訓練を受け持ち、素質のある隊員を40連隊に配置できるようにする。

●スカウト・インストラクターによる各中隊への普及訓練を開始すること。各中隊のスカウト訓練を担当する要員へ、スカウト・インストラクターが普及訓練を行い、各中隊のスカカウト訓練を担当する要員が中隊を練成するシステムを構築する。

●小隊に1名以上配置できるスカウト・インストラクターを養成すること。各中隊は、小隊に1名スカウト・インストラクターを配置することを目的にスカウト要員を育成する。

この3点を、速やかに、3科長は調整を開始し、計画作成に移りました。

トップレベルの見えない戦士に成長した男たち

1ヵ月後、Dがスカウト訓練を終了して帰ってきました。玄関前の広場で訓練終了報告を受けた時、いや、玄関から外に出てスカウト・インストラクターたちの姿を確認した段階で、彼らの驚くほどの成長を感じました。多大な感化を与え、素晴らしい教育が行われると、学生は、教官そっくりになるものです。まさに目の前にその光景がありました。

整列している隊員は、D1号、D2号、D3号…とDのスカウト技術と考え方を思いっ切り吸収し定着した、Dそっくりのスカウト・インストラクターとなり、曖昧でぼやけるような気配と周囲に溶け込むような感じで、静かに立っていました。凄い奴らをDは作り上げたなと嬉しくなりました。

「1日か2日、少し休みをとってから普及教育を頼む」と言うと、

「訓練に休憩はありませんので、これから始めていいでしょうか」と返ってきました。

「馬鹿な奴らだ、頼もしいぞ」

Dとインストラクターたち、頼んだぞと心の中で感謝しつつ、熱いものが流れるのを見られるのが恥ずかしいのですぐに部屋に戻りました。これでかなり強くなれるなという手ごたえをつかんだ瞬間でした。

今回は、最初のインストラクター養成訓練だったため、合格ラインに達成したメンバーは数えるほどでしたが、スナイパーを回避しながら部隊を誘導することが可能なレベルになりました。また、基礎トレーニングが終了したので、インストラクター要員全員が危険を察知して部隊へ連絡することができるようになりました。合格ラインのメンバーの特長を組み合わせて戦闘チームを作ることにより、運用単位はまだ少ないですが、潜伏しているスナイパーを見つけ出して狩り出すことも可能になりました。

Dが育てた40連隊のスカウトチーム。このチームが連隊内各中隊のスカウト指導部要員に対して訓練を行い、スカウトの普及と定着を進めた。

チームの信頼醸成と飽くなき成長

S氏は、いついかなる時も、仲間を信頼し命を預けることができる信頼関係を重視します。重視するというよりも、行動の基準になっているように感じます。S氏は、訓練間だけでなく日々の生活において、信頼性が少しでも低下したメンバーをスカウト・インストラクターチームから外してしまいます。このため、チームメンバーの入替えは定期的に行われています。

さらに、継続してチームメンバーになっている人でも、人間的な成長と戦闘技術の向上を続けないと、外されます。当然、新しく入るメンバーも、信頼性が高く、将来の進展性のある人物が選ばれます。チームは、信頼感に満ちた雰囲気がありますが、ある種の緊迫感を感じるのは、このためだと思います。

Dは1ヵ月間、連隊のスカウト・インストラクター養成訓練を行った時、ベースラインを徹底的に訓練し、大きな基礎と将来大きく進展する土台を作り上げました。この時Dは、もうひとつの土台作りも行っていました。後日話を聞き、さすがだなと思いました。

「スカウト訓練を進めるに当たって、まずやらなければならないことは、メンバー全員の信頼感を高めることでした」と、Dは落ち着いた口調で話し、説明を続けました。

「そして、1ヵ月間、24時間一緒に過ごすことによって、どんな時でも違和感なくいられるようにします。集団でいても、常に心の中を波紋ひとつない水面の状態を保てるようにするためです」

さらに、その目的と効果について次のような話をしてくれました。

「多くのメンバーと違和感なく過ごすことができると、人ごみの中に入っても、周りへ違和感を与えず穏やかな感覚を与えることができ、自分自身も心に波紋ひとつない落ち着いた状態を維持できるようになります」

S氏と一緒にいると心地よさを感じる状態になるのを、理論的に考え、そして、スカウト訓練で実践していたのです。Dは、

「周りに違和感を与えず心地よさを与えることができると、ベースラインに溶け込み、周囲の変化、波紋を感じることができます。また、この感覚を磨くことによって、自然の中だけでなく、都市部でも、スカウトの技術を生かすことができます。さらに、国際貢献活動で外国に派遣された時にも、顔や言葉がわからなくても、違和感、危険を察知できます」と話します。

1ヵ月間の訓練に入る前、S氏から丁寧にアドバイスを受けたと思いますが、それ以上に

Dの成長は著しく、凄みすら感じます。

S氏が一目置くのがわかりました。

各小隊にスカウトを配置する

合格ラインのメンバーを約30名作り上げると、各小隊に必ず1名以上はスカウト要員が配置できるので、前進する地域、宿営する地域の安全確保と危険察知が可能となります。必要な情報も収集できるようになり、部隊の生存率が格段に上がると考えました。

訓練を続けていくうちに、隊員全員がしっかりとしたスカウト訓練を行えば、「敵に見つからないで、敵を発見して倒す」ことができるようになり、さらには隊員個々の生存率も高くなるはずです。

各中隊からも、スカウト訓練を進めたいという希望が強くなり、連隊全員がスカウトの基礎レベルの教育訓練を実施することになりました。これで、多数の見えない戦士たちが誕生します。

column-❺

スカウトとは？

川口拓氏、S氏との座談会

二見　「スカウト」と検索すると、ボーイスカウトや芸能人のスカウト、ヘッドハンティングのスカウトの方がヒットしてしまいますよね。「スカウト」を検索したら、ネイティブアメリカンの狩りの技術と出てくるようにしたいものです。ところで、スカウトの起源、スカウトとは何かについてお聞かせください。

S氏　スカウトは、ネイティブアメリカンから伝えられたものです。ネイティブアメリカンには、「狩り」をして生活をするための糧を得る技術、「戦士」として部族を守るために戦う技術、「家族を守る」技術、そして「スカウト」の4つの役割があります。スカウトは、狩り、戦士、家族を守るために必要な情報を集める技術ですべての役割に共通するものだと理解しています。スカウトの基本は、情報を収集する能力です。

川口　スカウトは、周りの状況に溶け込み気配を消す技術である「カムフラージュ」、獲物に気づかれずに接近するストーキングも含め、獲物が残した痕跡を発見し追跡していく技術である「トラッキング」、まったく何も持たずに生命を維持する技術である「サバイバル」、そして「マーシャルアーツ」と呼んでいる格闘術。格闘術は最悪の状況になった時、自分の身を守るために使います。スカウトはこの4つで構成されています。マーシャルアーツはS氏の得意分野ですが、どうですか?

S氏　スカウトの訓練をする時、マーシャルアーツをやりますが、マーシャルアーツはあくまで、どうしようもない状態の時に行う最終手段です。普通は「カムフラージュ」「サバイバル」「トラッキング」能力を発揮して回避しますが、自分を守る最後の手段として使用する護身術は、極めて実戦的なものです。強烈な技なのでスカウトは戦いのイメージが強くなるのですが、実際には情報収集が主体で、いざという時以外戦闘は行いません。戦闘を行わないようにするために、「カムフラージュ」「サバイバル」「トラッキング」技術を磨く必要があると言えます。

二見　川口さんやS氏と話しているとよく出てくる「アウェアネス（気づき）」は、スカウトの構成要素には入っていないのですね。アウェアネスは、スカウトの根底的な技術となるものだと思うのですが。

川口　「アウェアネス」は、スカウトを構成する「カムフラージュ」「サバイバル」「トラッキング」「マーシャルアーツ」それぞれの能力を最大限に発揮させるための、核となる力なのです。察知する能力です。これは全体に関係するものです。

二見　ベースラインを感じ取ることや、波紋を感じるために、心の中に波ひとつ立っていない静かな水面を作り、そこに何か違和感が生じるものがあったり、近づいてくるものがあったりすると、その静かな水面に波紋ができて広がっていく。本編でもここは丁寧に書きました。

S氏　アウェアネスのうち、匂いは脳に直接伝わるものなので、匂いによって映像が頭に浮かんだり、思い出したりするのです。匂いは感覚を際立たせる重要なものと言えます。行動をしていると、風の流れている場所があります。風の流れる場所には違う場所の匂いが運ばれてきます。風の流れる場所は、情報が集まるところです。この時、自分の匂いも風に乗っていくことを自覚しておかなければなりません。

二見　風の流れる場所は、動植物が行動する場所であり、けもの道ができる場所でもあると思います。風の流れる場所はそこに行けばわかりますが、遠くからでもその流れが見えるようになると凄いと思います。動物はそれができるんですね。しかし、自分の匂いも流れに乗っていくことには、あまり注意を払っていませんでした。

川口　気象、季節、湿度、風や温度など、自然を感じるトレーニングをしていると、感覚が高くなった経験が何度もあります。毎日家から出て決まった経路を通り、同じ所へ行って自分なりのトレーニングをしていると、感覚が鋭くなったのか、白いサギが池のほとり

column-❺

川口 拓氏、S氏との座談会　**スカウトとは？**

のいつもの場所にいるなと家を出た瞬間に感じることがよくありました。行ってみると、その場所にちゃんとサギがいるんです。

二見　まさに狩りですね。

S氏　狩りの獲物がどこにいるのかをその日の状況から感じ取り、狩りへ出かけていくのに似ていますね。狩りで獲物と出会えるため、重要な日々のデータやトレーニングの積み重ねによって鍛えて得たものでしょう。自然を感じ取り、その時の状況が画像として頭に残っていて、感じ取った自然の状況と頭の中のイメージが重なって出てくるのでしょうね。

川口　それと、疲れ切ってしまったり、寝不足で頭が働かなくなったりすると、代わりに感覚が鋭くなりますね。1日の睡眠時間がかなり短い状態でトレーニングをすると、睡眠時間をしっかりとっていた当初はチームの動きがバラバラだったのが、頭ではなく感覚で動くようになるとスムーズな動きになります。

S氏　睡眠を少なくして、頭が働かないと感覚がよくなる状態を経験してトレーニングをするのは重要ですね。数人のチームが身体を接触させて移動したり行動したりする動作というのは、感覚を頼りにするととてもスムーズになります。この感覚を知ると、感覚の重要性を理解できますよ。拓さんは、離れて見えないところで鳩が卵を産み落とす瞬間を感じ取ることができるんですよね。

二見　それは凄いですね。どうしてわかってしまうのでしょう？

川口　なぜかわかってしまうんですよね。

S氏　なんで卵を産み落とすのが鳩なのか、鳩というところも拓さんらしいです（笑）。

第8章

戦いの準備はできた

師団長のほほえみ

師団は、作戦基本部隊と言い、戦車、ヘリコプター、特科、通信、衛生、補給整備など戦闘に必要な機能が揃っている約6000名の隊員からなる部隊です。師団には、普通科連隊が4個あります。師団長へ部隊の状況を報告した時、

「結構いろんな部隊が服務事故を起こしているが、君の部隊は最近まったく事故がないが、何かやっているのか」と師団長から質問がありました。

40連隊は、北九州で気性の荒い土地柄から、昔から服務事故が多い部隊と言われていました。40連隊に着任した当初、新任連隊長への挑戦かと思うほど大小さまざまな事案がありました。しかし半年から1年が過ぎると、服務事故だけでなく、怪我が激減しました。これは、最初の部外インストラクターであるナガタ・イチロー氏の訓練による集中力と我慢強さ、チームワークが定着し、隊員が成長したためです（そのエピソードは2019年3月刊行予定の『自衛隊最強の部隊―CQB・ガンハンドリング編』にて）。さらに、スカウト訓練によって、「自己を律すること」「徹底した準備と用心深く行動すること」「置かれているコンディションを常に考え行動をすること」の能力が向上したからです。

「スカウト訓練の成果です」と答えると、

「やはりスカウトか。あれは隊員が逞しくなるな。40連隊はスカウトを受け入れ、訓練することができるレベルがあるからいいが、師団全部の部隊にスカウトとなるといろいろ難しいところがあるな」

一息おいて、

「40連隊の隊員は、毎日充実しているだろう。君は、普通ではなかなか味わえない勤務ができているな」と、師団長は嬉しそうに話します。

「ところで、スカウトは、どのレベルを目標にして今後進めていくのか」と質問を受けました。ちょうど、師団長からいろいろ知恵や指導を頂きたかったので、頭にあることを説明することにしました。

連隊内の各小隊に一人、ネイティブアメリカンの兵士のように、敵部隊やスナイパーの存在を感じ取れる隊員を配置すること。スカウト隊員を先行させ、部隊の安全を確保できるようにすること。連隊の戦闘情報を収集する情報小隊は、全員スカウトSレベルを揃える。各中隊の斥候要員は、全員スカウトAレベルを確保すること。斥候によって収集した情報に基づき、砲爆撃で敵を撃破する戦法を開発すること。自然をまとい、見えない戦士を育成するスカウト訓練は、戦闘で生き残る基礎となるため、隊員全員が訓練を行い身に付けること。40連隊に配属が決まった新隊員は、新隊員後期教育でスカウト訓練を行うことについて説明しました。私の説明を聞いた師団長は、

「どこまでできるか、40連隊は挑戦するのだな。各小隊にネイティブアメリカンの能力を持つスカウトを配置するのか。隊員は幸せだな。生き残り任務を達成する強い部隊を作ってみたらどうか」と師団長は言い、「頑張れ」と付け加え、ほほえみました。

同じ話をS氏にすると、目を輝かし、

「これで隊員の皆さんは生き残って任務を達成して帰れるようになります。喜ぶと思います。ぜひ進めてください」と喜んでもらいました。

江藤文夫師団長から頂いた宝物

私は、連隊長時代、2人の師団長に仕えました。CQBやスカウト訓練を行っている時に仕えていた師団長は、2人目の師団長です。最初に仕えた江藤文夫師団長の下で、第40戦闘団検閲を受閲しました。戦闘団検閲とは、師団長が連隊のレベルの判定を行う、部隊としてとても重要な2年に1回の試験です。戦闘団検閲終了後、試験の結果はどうだったのかの評

価を、師団長から直接「講評」という形で示されます。

この時、江藤師団長から頂いた指揮官講評を紹介します。講評は、幕僚、中隊長、副連隊長と進んでいき、講評が終了すると退室していきます。最後は、誰もいない部屋で私の上司である師団長と連隊長の2人だけになります。指揮官同士の話で他の者は入りません。指揮官講評の仕方は、師団長によってそれぞれやり方が異なります。

2人向き合って座っていると、江藤文夫師団長は、一言「面白かったよ。頑張って書いたから読んでみてくれ。おわり」と、一枚のペーパーを頂き、指揮官講評が終了しました。

次の文章が師団長から頂いた講評です。私の宝物です。


『味を生かす』

引き続き味のある統率によりさらなる精強化への邁進を祈念して

○指揮官の「味」
指揮官の「味」は、本来有している固有の性格と経験・修練等により確立した指揮スタイルによるところ大である。「自然な味」を有する指揮官の下には、形式や表面的な精強さではなく、信頼関係に基礎を置いた真に役立つ本物の部隊が育つ。第40戦闘団を見るに、無駄な気負いがなく自然な感じを受ける。また、戦場情報システムを中核に置き、複合障害を重視した防御システム化及びターゲティングは、近代戦における師団の戦術運用に一石を投じるものであった。

○さらに「深みのある味」の指揮官へ

「自然な味」は、にじみ出る個性と指揮スタイルが一致したところに生まれる。米軍人の猛将パットンのようなトップダウンタイプでも、総合力融和の慎重なアイゼンハワータイプでも構わない。見かけは勇ましく「それゆけどんどん」を演出するよりも、たとえ「ちょっと見」はさえなくとも「自然な味」のある指揮官は、いずれ指揮下部隊長や幕僚等に十分理解され、深い信頼を得ることになるであろう。徳川家康は、「堪忍は無事長久の基、怒りを敵と見よ」と教えている。つまり、じっくり、ゆっくり堪忍しながら「自然の味」を大切に、自信を持って自分流を続けることが「深みのある味」につながる道であると思う。指揮官の「深みのある味」は、部下の力を最大限に引き出して個々の能力を融合させ、個人の力を遥かに超えた総合的な大きな力の集約・発揮に結びつく。

本検閲を通じて第40戦闘団には、虚がなく誠実であり、気負いがなく自然な信頼感が感じられた。味のある統率の成果であろう。さらに「深みのある味」を求め精進し、大成されることを祈念する。


以上が指揮官講評の内容です。

連隊独自の戦法

当時、40連隊はCQBや市街地戦闘で知られていましたが、一番得意とし、強さを追及したものが高強度戦闘ということは、あまり知られていません。私は、連隊長着任前に勤務した北熊本に所在する第8師団では、作戦・教育訓練を担当する3部長の職についていました。

当時、全戦全勝、無敵の陸上自衛隊富士トレーニングセンターの対抗部隊との自由対抗方式の戦闘訓練で、第8師団各普通科連隊生え抜きの増強普通科中隊は、ことごとく全滅させられていました。

師団長から、小隊規模の富士トレーニングセンター方式の戦闘訓練を師団の競技会として企画し、レベルを上げる指示を受けました。第8師団の各普通科連隊が、独自の戦い方を研究しながら自由対抗方式の訓練を2年間積み上げている時期に異動となり、40連隊長として着任しました。連隊長着任後、まずレベルを判定したのは目標情報と火力を組み合わせた戦闘がどこまでできるかでした。

第8師団の普通科連隊と比べてどちらが強いのか、自分の連隊がどこまでのレベルがあるのか知りたかったからです。連隊長の間、富士トレーニングセンターの対抗部隊を打ち負かすためには、隊員個々の戦闘レベルを徹底的に向上し、目標情報を収集し迅速に火力を指向することのできる戦闘システムが必要であると考えたからです。

CQBとスカウトの練成に併せ、連隊独自の戦闘システムの開発と改良を加えながら、実戦レベルで使える戦闘システムの完成を目指していました。40連隊は、CQBで全国へ名前が広がり、各部隊が物凄い勢いで40連隊の後を追いかけ、追い抜こうとしましたが、その差はなかなか縮まりませんでした。そのわけは、ほとんど公開していないスカウトの技術を持った見えない戦士たちが、徹底した高強度戦闘システムの訓練をしていたからだと思います。CQBは表の顔、スカウトは裏の顔、さらにそこへ高強度戦闘システムが真の顔として加わり、３つを連携させながら、連隊全員で行っていました。

ＣＱＢ、スカウトの次は、「戦場情報システムを中核に置き、複合障害を重視した防御システム化及びターゲティングは、近代戦における師団の戦術運用に一石を投じるもの」と指揮官講評にある「40連隊独自の戦法」の完成と実戦へ進みます。

40連隊独自の戦法は、目標情報と火力を連接させた「ターゲティング」、連隊から離れた地域や敵の支配している地域で敵をかく乱する「ＬＲＲＰ（長距離偵察）」があります。「40連隊独自の戦法」と、当時全戦全勝、無敵の陸上自衛隊富士トレーニングセンターの対抗部隊との戦闘については、次の機会に書こうと考えています。

最後に、一般の人がこの本の内容を日々の生活や仕事に生かす方法は、その人の置かれた状況により異なると思います。自分の置かれた状況を評価する「今のコンディションは？」「組織・職場のベースラインのつかみ方」「用心深い思考と行動」「いついかなる時も基本を確実に行う」「勝負はどこまで詰めたかで決まる」「価値を理解すると行動が変わる」、そして、「信頼関係の構築が行動の基本」等、ビジネスパーソンが、現実の社会という戦場で生き抜き任務を達成するため、本書から多くの戦う武器や戦い方をつかみ取って頂ければ本望です。

おわりに

ガンハンドリング・インストラクターのナガタ・イチロー氏は、40連隊にとって、光り輝く太陽のような存在でした。ナガタ・イチロー氏、長谷川トモ氏によって、CQBをはじめとする市街地戦闘能力を世界標準のレベルまで引き上げて頂きました（詳細は2019年3月刊行予定の拙著『自衛隊最強の部隊へ―CQB・ガンハンドリング編』にて）。

一方、スカウト・インストラクターのS氏は、暗闇で静かに輝く月のような存在でした。S氏とスカウトチームのメンバーによって、常に冷静で用心深く行動し、実戦で生き残るための基本事項と最高峰のスカウトの技術を伝授して頂きました。

この光と影の両方の力を身に付けることによって、「実戦で生き残り、任務達成できる40連隊」の育成ができると確信しました。今思えば、連隊長時代、2人のインストラクターに出会い、継続して訓練を指導して頂くことができたのは、偶然なのか、必然なのかわかりません。しかし、進むべき方向に対する強い意志を多くのメンバーと共有し、実現させようとすると、いつの間にか多くの理解者、協力者が現れ、背中を後押ししてくれるものではないかと思います。

組織を動かそう、改革をしよう、何かをやろうとする時、仲間がいないとできないものです。職場の雰囲気や意識の変革や組織を変えていくには、仲間がその組織の半分はいないと勝負にならないと考えがちです。しかし、当初の仲間はせいぜい15%程度で、流れを変えようにも多勢に無勢のため、あきらめてしまいがちです。

組織を研究すると興味深いものがあります。Aという組織の25%の人間が何かを始めると、外からAという組織を見ている人たちは、Aの人たち皆がやっているように見え、Aの組織の人たちは外の人たちから、「新しいことを皆で始めたね」と言われたり、「新しい方向に動き出した」と言われて、「まだ少数の人しかしていません」とか「そんなこと知りません」と答えますが、このような外からの刺激で内部が変化していきます。

そうすると、内部の仲間が25%から40%へすぐ変化していき、これが繰り返されて、組織が変わっていくのです。この時、より変革を進めるためには、心に火をつけることのできる人がいることです。このタイプの人はとても重要な役割を果たします。15%の仲間がいれば、あと10%仲間を獲得することにより、良い方向に進むことができます。

最後に、「火力による打撃」「小部隊の戦闘」「隊員の育成」についての師である先輩から教えて頂いた、私の行動指針にしている言葉を紹介させて頂きます。

「意思のあるところに道ができる。道のあるところに未来がある。未来があるところに夢を描ける」

意思があれば、未来が開け、夢を描くことができます。

二見龍

謝辞

スカウト・インストラクターS氏、川口拓氏、I氏をはじめとするスカウト・インストラクターチームのメンバーの皆様、多くのアドバイスを頂戴した毎日新聞社会部編集委員瀧野隆浩氏、貴重な画像を提供して頂いた土井健太郎氏、さらなる強さを追及し続けた当時の40連隊のメンバー、そして家族に、この場をお借りして、深く感謝申し上げます。

二見 龍
ふたみ りゅう。防衛大学校卒業。第8師団司令部３部長、第40普通科連隊長、中央即応集団司令部幕僚長、東部方面混成団長などを歴任し陸将補で退官。現在、株式会社カナデンに勤務。Kindleの電子書籍やブログ「戦闘組織に学ぶ人材育成」及びTwitterにおいて、戦闘における強さの追求、生き残り任務の達成方法等をライフワークとして執筆中。
ブログ：http//futamiryu.com/　Twitter：@futamihiro

デザイン　鈴木 徹（THROB）
撮影　原 太一
撮影協力　川口 拓、濱田 亮、（有）SOU
校正　中野博子
画像提供　土井健太郎

敵《てき》に察知《さっち》されない、実戦《じっせん》に限《かぎ》りなく特化《とっか》した見《み》えない戦士《せんし》の育成《いくせい》
自衛隊最強《じえいたいさいきょう》の部隊《ぶたい》へ ―偵察《ていさつ》・潜入《せんにゅう》・サバイバル編《へん》
2019年1月16日　発　行　　NDC 391

著　者　二見《ふたみ》　龍《りゅう》
発行者　小川雄一
発行所　株式会社　誠文堂新光社
〒113-0033　東京都文京区本郷3-3-11
（編集）電話03-5805-7761
（販売）電話03-5800-5780
http://www.seibundo-shinkosha.net/
印刷所　株式会社 大熊整美堂
製本所　和光堂 株式会社

ISBN978-4-416-51908-0